卓越手绘零基础系列

普通高等教育
艺术类"十二五"规划教材

杜健　吕律谱　蒋柯夫　段亮亮＝编著

景观设计
手绘与思维表达

U0212960

人民邮电出版社

北京

图书在版编目（CIP）数据

景观设计手绘与思维表达 / 杜健等编著. -- 北京：
人民邮电出版社，2015.8
ISBN 978-7-115-39531-3

Ⅰ．①景… Ⅱ．①杜… Ⅲ．①景观设计－绘画技法
Ⅳ．①TU986.2

中国版本图书馆CIP数据核字(2015)第150842号

♦ 编　著　杜　健　吕律谱　蒋柯夫　段亮亮
　　责任编辑　许金霞
　　责任印制　沈　蓉　彭志环
♦ 人民邮电出版社出版发行　　北京市丰台区成寿寺路 11 号
　　邮编　100164　　电子邮件　315@ptpress.com.cn
　　网址　http://www.ptpress.com.cn
　　北京九天鸿程印刷有限责任公司印刷
♦ 开本：880×1230　1/16
　　印张：12.75　　　　　　　　　　2015 年 8 月第 1 版
　　字数：390 千字　　　　　　　　 2024 年 8 月北京第16次印刷

定价：69.00 元
读者服务热线：(010)81055256　印装质量热线：(010)81055316
反盗版热线：(010)81055315
广告经营许可证：京东市监广登字 20170147 号

前言

从事设计手绘教育已经七年有余，苦甜参半，获誉无数的背后必有艰辛。感恩伙伴们的一路支持，也更加明白对手与竞争的可贵。七年时间的积淀，收益颇丰，感慨颇多。

笔者认为，一个时代兴起的同时也象征着另一个时代的落寞。绘画如此，设计如此，手绘更是如此。曾几何时，钢笔、水性马克笔甚至水彩都在不知不觉中与我们的设计渐行渐远，取而代之的现代设计是带有着强烈视觉冲击力的线条和笔法。笔者本人酷爱水彩，但是必须承认的是，对于当下高校的艺术设计教育以及市场需求，水彩确实已经不再适合服务于设计效果图了。当然，不排除特殊风格和少部分设计的需要，如景观平面图、大型鸟瞰图等。

在教学上，学校给予快速表现课程的学时仅有短短几周，绘画基础课也仅包括基础的素描、水彩课程。虽然这些都是日后设计的基础，是每一位设计师必须掌握的技能，但不足一年的时间还是略显短暂。设计表现是一个设计师能够肆意发挥其创造能力的方法。用一张白纸来勾勒出一间房屋，一栋建筑，一处场景，甚至是一座城市，这不是任何一个初学者都能够轻易做到的。那么，我们设计专业的学生，能够拿出更多的时间来学习传统绘画吗？显然，传统的方式和方法是很困难的。所以，我们要用另外一种方法来学习设计的快速表现。用一种几乎跟绘画无关的方法，我们称之为手绘。

在开始按照本书进行学习之前，必须先要了解以下七点：

◆手绘只是服务于设计的一种技能。手绘本身的性质与传统绘画不同，不能够像水彩、油画等艺术藏品一样价值连城。但是当手绘与设计结合以后，它的价值取决于你所做的设计的价值，两者相辅相成。

◆每天都需要练习，哪怕只是很少的一点，哪怕只有一个方体或几根线。这样可以保持手臂的灵活性和适应性，也可以让我们的手指更加灵活，更加熟练地画出各种角度的线条。

◆在初学时切记不可盲目追求进度，谨记欲速则不达。读者一定要按照本书的编排顺序，从最开始的线条、单体开始练习。在掌握单体的绘画后再慢慢将它们组合起来成为场景。

◆勤学苦练固然重要，但是理解更重要。读者可以把一些优秀的手绘作品放在明显的位置，闲暇时观赏思考。如果不经常思考，不去理解，画得再多也是徒劳。

◆在手绘中，线稿远比上色更重要，是设计图的根基。

◆必须攻克掌握平面图的绘制。平面图是设计表现的开端，也是设计图中的重中之重。它的表达难度相对较低，读者必须掌握平面图的绘画方法，并把设计思维表达到位。

◆熟练掌握设计草图的绘画。勾勒草图是构思设计、记录设计、传达设计思想的唯一方法。

如果你已经理解了上述内容，便可以开始你的手绘学习之旅了。本书融合了卓越手绘教育机构七年来的教学成果，包含了两万余名设计学子的学习经验，从零基础的角度出发，以现今设计最需要的设计理念来编排。由浅入深、循序渐进，系统全面地梳理各类设计表达的方法和技巧。希望你能认真阅读本书并临摹练习相关实例，相信在今后的设计师生涯里，不论面对何种情况，你都能够自如的表达出内心所想，成就你的设计之梦！

编者

2015 年 4 月

目录
CONTENTS

第一节　如何掌握手绘

随着时代的发展、科技的进步，计算机效果图已经越来越普及，在设计中已作为主要的表现手法。但是仍然有很多声音在呼吁手绘对于设计的重要性。那么在当今时代，手绘到底应该何去何从？为什么很多大型设计院、大型公司以及高校的硕士入学考试都要通过手绘考试来筛选人才呢？

一个好的手绘表达是一个优秀设计的开始，也是一个合格的设计师必须具备的一项技能。手绘是设计师在设计过程中重要的记录方式，也是设计师与他人沟通的唯一有效方法。在设计过程中，从设计初期的瞬间灵感记录，到设计中期的深化完善，再到设计后期的整体效果渲染，都可以通过手绘来完成。尤其在建筑、景观、城市规划和室内方面的设计中，手绘的运用一直都是至关重要的，设计师也往往习惯于使用手绘作为呈现自己设计理念的载体。因此，手绘在设计标书中占据的比例逐年上升，已经有越来越多的设计公司对设计师的手绘能力提出了更高的要求。

当然，所谓好的手绘表达，不一定就是一幅很漂亮的手绘构想图。有时候甚至会画得很潦草，但是只要将自己的设计意图、设计理念很好地呈现并记录下来就足够了。

那么读者如何才能练好手绘呢？简单来说可以分为以下三步。

第一步，在学好基本构图、透视原理的基础上，要以临摹作为开始。临摹优秀的作品可以让读者在短时间内迅速地了解手绘的基本技法。不论学习什么技能，临摹都应该是最有效、最迅速的入门方法。所以不要排斥临摹，也不要盲目临摹；要找到适合自己的作品，带有目的性地临摹、学习。

第二步，贵在坚持。很多读者都有过这样的经历：大张旗鼓地拿出工具，铺满桌面，但是画不了两笔，就发现自己画得完全跟想象的不同，于是信心大受打击，偃旗息鼓。我们必须明白，掌握一项技能是一个艰难的过程，任何人都要经历从新手到成熟的成长过程。我们可以先从单体入手，这样比较简单，也比较容易培养兴趣。而且要做到每天都画，不管画多久，哪怕每天只画10分钟也是有效果的。如果一段时间作业太忙，也要做到每天都看，看好的手绘作品，把它当作一幅艺术品去欣赏，去揣摩作者的技法，假以时日便会有长足的进步。

第三步，在通过临摹和大量的练习，积累了一定的手绘基础之后，读者就可以开始尝试自己来勾勒方案了。可以先从现有的成品方案开始，尝试着画出它的草图或者手绘图。在这个过程中获得一定的积累之后，就可以通过手绘来表达自己的方案构思了。这也是我们学习手绘的最终目的。

CHAPTER 01

手绘概述

如何掌握手绘
手绘的常用工具

第二节　手绘的常用工具

铅笔：铅笔是每个读者都很熟悉的绘画工具。在手绘中，铅笔多用于打底稿和勾勒草图。使用铅笔或自动铅笔的时候要选择 2B 或者以上的铅芯。推荐使用三菱的铅芯。

草图笔：顾名思义，草图笔主要是用来勾勒草图的。比较特别的是它的笔尖可根据与纸面角度的不同而画出粗细不同的两种线。推荐使用派通草图笔。

针管笔：针管笔是手绘中最常用的勾线笔。用一次性针管笔画出的线条流畅、顺滑。一般选用 0.1 ~ 0.3 毫米的笔头可。推荐使用施德楼针管笔。

会议笔：会议笔的作用和属性类似于一次性针管笔，但是价格更便宜，非常适合初学者使用。由于会议笔笔头较粗，所以不太适合画很细致的效果图。推荐使用晨光会议笔。

钢笔：钢笔的应用体验远远低于一次性针管笔，因为如果快速画线就容易出现断墨，而且画的时候对笔尖的角度也有要求，灵活度不如针管笔。但是在画建筑草图等需要很硬朗的线条时，钢笔还是具有独特效果的。推荐使用菱镁或百乐的钢笔。

马克笔：马克笔技法是大家练习手绘的重点。马克笔色彩明快、携带方便、使用简单等诸多优点使其成为手绘上色最重要的工具。对于初学者，推荐使用国产 touch3 代的马克笔。但是由于国产 touch3 代马克笔的生产厂家众多，质量良莠不齐，所以在选择的时候一定要仔细比较笔头的质量和色彩。等具备了一定的使用马克笔的基础后，可以选用一些其他品牌的比较好的马克笔，比如三福马克笔、AD 马克笔等。

彩色铅笔：彩色铅笔（以下简称"彩铅"）通常作为马克笔的过渡工具来使用，也可以弥补马克笔颜色的不足。彩色铅笔还可以作为主要的表现工具，对效果图进行上色，从而获得一种不同的表现效果。彩铅分为水溶性和非水溶性两种。水溶性彩色铅笔虽然笔触颗粒比较大，但是色彩更好。非水溶性彩色铅笔笔尖较硬，相比更好使用，但是色彩略弱于水溶性彩色铅笔。推荐使用马可或酷喜乐 72 色彩色铅笔。

修正液和高光笔：效果图的最后一步是在画面有高光的地方进行点缀，使画面的表现力更加强烈。推荐使用三菱修正液和樱花高光笔。

CHAPTER 02

手绘的基本技法

线条

透视

第一节 线条

线条是手绘的第一步，任何手绘都离不开线条。能够掌握一手流畅、熟练的线条，相信是每位读者都希望的。不过我们要切记，线条的美感固然可以提高整体图面的效果，但是在一张图之中，线条的重要性远远低于构图、透视、色彩。所以，我们在练习手绘的时候，练习线条虽然重要，但是更要把主要精力放在构图、透视和色彩这三个方面。

常用的线条通常分为快线和慢线两种。

1. 快线

快线是通过高速滑行所画出的果断的直线。

快线的视觉冲击力极强。画的时候要注意"笔要放平、横向移动、手腕不动"三个姿势要点。通过运笔来积攒力量，快速地把线画出去；在线的末端要以一个短暂的停顿作为收笔。

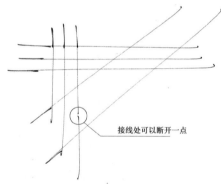

接线处可以断开一点

错误 1：线条的运行速度太慢，不够果断，所以线条不够直。直线是效果图中使用最多的线，必须通过大量的练习来熟练掌握。

错误 2：接线处没有留出一点空余。这种接线方式非常影响线条的美观和整体感。

错误 3：起笔处过长。线条本身的长度很短，但是起笔却很长。

错误 4：没有收笔，线条直接放出去了。这样的线条缺乏稳定感。但是在特别的情况下也可以使用，前期练习时尽量不要使用。

快线画法的常见错误如下：

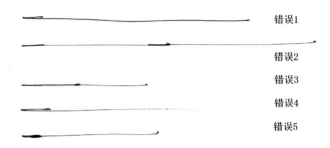

错误1

错误2

错误3

错误4

错误5

2. 慢线

慢线是指起笔缓缓地把线画出来的方法。这种线条简单易学，使用起来也非常方便。虽然美观性略低于快线，但是在草图中使用更加合适。画慢线的时候，整体感觉要非常的放松，要保证线条的准确，不能斜。但是却不一定非要画得像快线那么直。可以适当地抖动、弯曲。不过慢线有一个最大的弊端，就是跟马克笔上色不好结合。总体来说，画慢线的时候要做到手中有线，心中无线。只考虑画面的透视、形体，而完全不要考虑线条应该怎样画，这样画出来的线条才会自然美观。

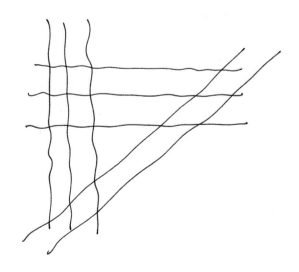

慢线画法的常见错误如下：

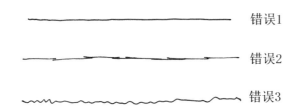

错误1

错误2

错误3

错误1：线条画得太死板。由于运线的过程太紧张，不流畅，造成线条僵硬的感觉。

错误2：断断续续地画线，使线条很毛躁，不平顺。

错误3：过于刻意地抖动。抖动的时候应自然，想抖就抖，需要抖就抖，不要刻意地去抖动线条。

第二节　透视

透视是绘画中很重要的一个部分，因为有了透视，我们才能够在二维的纸面上塑造出三维的空间感。透视在手绘中的应用，相对而言不需要那么复杂、严谨，只要大致准确，能够很好地处理空间感即可。但是不准确不代表可以有错误，在手绘中允许透视时有误差，不过绝不允许有错误。透视要遵循"近大远小、近明远暗、近实远虚"这三个基本原则；在满足这三个基本原则的前提下，又分为一点透视、两点透视、三点透视以及散点透视这几种透视关系。

1. 一点透视

一点透视是所有透视中最简单、最规整的表达方式，又称为平行透视。它是从正面来观察物体。

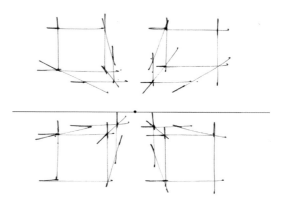

画一点透视的时候，所有的横线都是水平的。大家在练习的时候手要平稳。如果横线画得不平，一点透视最根本的原则就无法继续。

单独画一个方体时我们或许还能做到画得规整，可是在一张效果图中会有大量的横线，可能其中一条横线画偏了就会影响整张图的效果。所以我们要通过这种一点透视练习图来练习。画这张练习图的时候可以选用 A4 纸，在每张纸上画 16 个方体。在画的时候除了注意线条、透视以外，还要注意每一个方体的大小以及是否排列得整齐。这也是一种很好的练习抓型能力的方法。

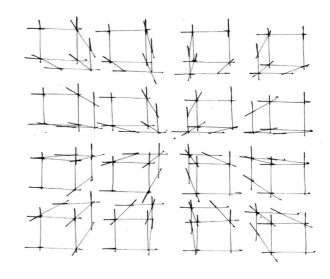

2. 两点透视

两点透视比一点透视的难度稍微大一些，但是非常符合人看物体的正常视角。基本上，大部分的画面我们可以理解为不是一点透视即是两点透视。其余的比如三点透视、散点透视等在手绘效果图中并不常用。

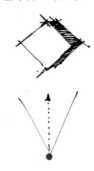

判定一张图是一点透视还是两点透视非常简单，就看横线是否全部水平就可以了。因为无论一点透视还是两点透视，所有的竖线都是垂直的。相比一点透视，两点透视画出来的画面更舒服，更有视觉冲击力。在具备了一定的线条能力以及一点透视的能力以后，可以开始着手练习两点透视。

同一点透视一样，我们采取这种画方体的方法来练习两点透视。

由于难度较大，画两点透视的时候一定不要急躁，慢慢地去瞄准每条线所对准的视点。

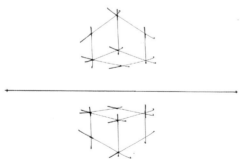

采用画方体的方法练习两点透视，尤其是要注意每一个方体交于一点的三条线，它们之间延长线的关系是否是渐近的。如果延长之后，有一条线离另两条线越来越远，那么就是错误的线，需要及时更正。

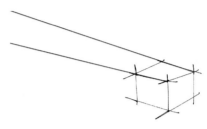

错误的两点透视方体

在画好单个方体之后，难度更大的是要尽量注意到每一个方体同方向相交的线的渐近原则。

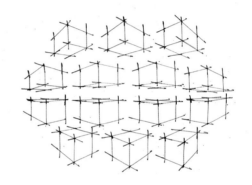

3. 透视在实际场景中的应用以及快、慢线的区别

我们通过下面这种平面图的实际应用来练习和帮助理解透视关系，以及快、慢线在实际应用中的区别。

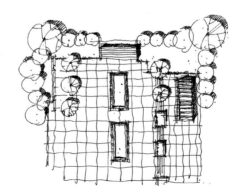

（1）一点透视慢线

一点透视慢线是最简单、最实用的勾勒草图的方法。一切的重点都放在方案的设计上而轻表现。所以一点透视慢线的图也可以算表现力最差的表达方式。建议读者在练习手绘的初期于出方案的时候使用。

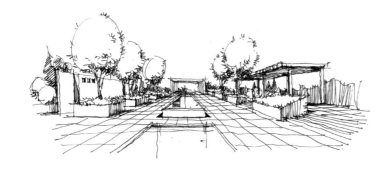

（2）一点透视快线

一点透视快线可使画面的冲击力大大增强。一幅好的手绘表现图就能为设计助力、加分，所以一点透视快线图的重点就在于此。这种方法不失一点透视简单清晰的特点，又具备一定的画面表现力。

（3）两点透视慢线

在勾勒方案草图的时候，有些方案比较适合使用一点透视的角度，然而有些方案比较适合甚至必须使用两点透视的角度来表现。但是两点透视的难度比一点透视大很多，所以在手绘技能不是特别熟练的时候，读者可以采取慢线塑造的方法。

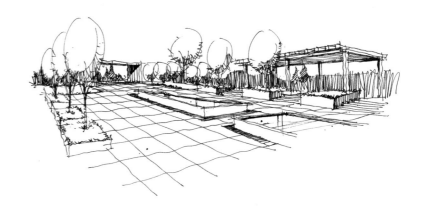

（4）两点透视快线

两点透视快线是表现力、塑造力最强的一种手绘方法，多用于后期的效果图表现。画这种图的时候，对读者的基本功要求非常高，不论线条的掌握、透视的准确以及整体画面光感的塑造，都需要极强的控制力。

通过上面几张图我们可以看到，一点透视在处理画面的时候非常简单、规整，表达很清晰，特别适合初学者使用。画的时候应该把视点压低，这样地面看起来就比较平，会使画面处理起来比较简单。画地砖的时候也应该注意近大远小的关系。

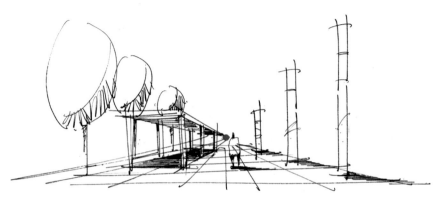

视点低的表达方式

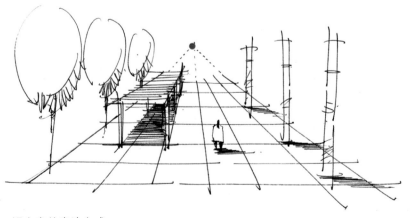

视点高的表达方式

4. 圆形透视画法

在这里还要重点介绍一下圆形的透视画法。如下图所示。

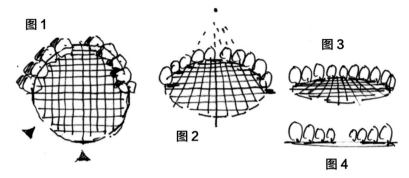

图 1 是一个圆形小广场的平面图。

图 2 是在视点高的时候（鸟瞰图）圆形的表现方式。

图 3 是在视点压低之后圆形的表现方式。重点在于：视点压得越低，圆形看起来越"扁"。

图 4 是在视点压得极低时候圆形的表现方式，特别适合构画草图方案的时候使用。

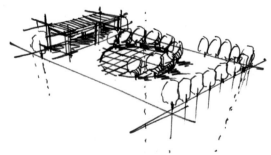

两点透视的图同样需要视点低，不过两点透视图本身的难度就比一点透视大很多。相比而言，两点透视图更加生动，而快线表现本身也更具视觉冲击力。所以如果出方案草图，推荐使用慢线一点透视；如果出表现图，推荐使用快线两点透视。

三点透视多用于鸟瞰图。在图的下端还要定出一个灭点，只不过这个灭点较远，一般会在纸面之外。所以，我们在画鸟瞰图的时候只要有一个三点透视的意识和理解就可以了。

CHAPTER 03

马克笔上色的基本技法

马克笔概述

马克笔上色技法详解

马克笔的应用技巧

彩色铅笔上色技法

第一节　马克笔概述

马克笔上色，可以说是整个手绘效果图中最重要的一个环节，也是令大部分读者比较困惑的一道难关。

首先，我们要明确马克笔的优点及缺点。相对于其他的上色工具，如水彩、水粉等，马克笔缺少了它们所具有的艺术性。这也就是为什么一幅水彩画或者油画可以价值几百万，而再优秀的马克笔作品都不值什么钱的原因。那么马克笔效果图的价值在哪里呢？

马克笔效果图的价值就在于设计。如果你的设计方案通过了，被甲方接受了，拿到了设计费，那么你的效果图就有意义；如果方案没有中标，那么你的效果图恐怕也随之失去了价值。

马克笔相对于水彩，在效果图表现中的优势有以下几点。

1. 简单

水彩绘画中有一个非常重要的过程，就是调色过程。这需要一定的绘画基础才能做好。而马克笔的颜色是固定的，这对一些绘画基础本身比较薄弱的读者非常有帮助。而且在笔触上，马克笔的笔触也比水彩等绘画方式简单、易学，有章可循。所以，在效果图的表现中，马克笔更适合一些非美术专业或美术功底不是特别深厚的读者。

2. 马克笔的色彩比水彩更加明快

我们要知道，手绘效果图更多的是要面对我们的甲方或老板，而大部分的甲方并不是美术或者设计专业出身，他们更容易接受色彩明快、视觉冲击力强烈的画面。所以，单纯从手绘效果图来说，马克笔的画面比水彩的画面更容易"跳"出来。

3. 携带方便

在设计讨论过程中，经常要一边同客户交流，一边勾勒草图方案来辅助理解。这时候如果你拿出水桶去接水，又拿出水彩来调色，恐怕客户已经哑然失笑了。而只要随身携带一根针管笔、几支常用的马克笔，就可以很好地把你的设计思想传达给客户，也会使你的客户对你刮目相看，提升客户对你的设计方案的印象分。

在开始着手练习之前，我们需要明确地了解马克笔的使用方法。

使用马克笔的时候，讲究的是"快、准、稳"。

使用马克笔绘画的时候千万不能犹豫，落笔之前要先想好，落笔之后要果断地画出，然后把笔抬起来。所以说，"快"是马克笔绘画最基本也是最重要的一个要素。马克笔的特性是基本上没有覆盖力。也就是说如果先画一层红色，再在上面画一层绿色，那么绿色是完全不能覆盖住红色的，红色还会返上来，使颜色混在一起，变得很脏。所以在使用马克笔的时候，颜色用得要准，能一层确定的颜色尽量不去画第二层，这样画面才干净、明快。

在以马克笔运笔的时候，下手一定要平稳，这样画出来的笔触才美观。

在学习马克笔绘画之初，可以选择国产的 touch3 代马克笔。在选择颜色方面，要从色彩的明度入手，每种色相都要配备明度由浅入深的几种颜色。"卓越手绘"向大家推荐的常用颜色有 60 种。

卓越手绘专用马克笔色卡

1	9	12		16	24	25
42	43	46	47	48	50	51
55	58	59	62	67	69	75
76	83	92	94	95	96	97
98	100	101	103	104	107	120
141	146	169	172	183	185	
CG1	CG2	CG3	CG4	CG5	CG7	CG9
WG1	WG2	WG3	WG4	WG5	WG7	
BG1	BG3	BG5	BG7			
GG1	GG3	GG5				

在对马克笔有了一定的了解之后，可以考虑选择一些其他品牌的马克笔，如 AD、三福、法卡勒等。而在这个时候，色彩的选择可以根据个人的喜好来决定。

第二节　马克笔上色技法详解

1. 平移

　　平移是马克笔绘画最常用的技法，一张图上 70% 的颜色都是用这种方法铺满的。平移下笔的时候，笔头的宽面要完全地压在纸面上，然后快速果断地画出。在收笔抬笔的时候也不要犹豫，更不可长时间地停留在纸面上，因为马克笔在纸面停留的时间越长，颜色就越深，而笔触也会向四周扩散开来。这里提到马克笔的叠加性。同样一支马克笔，在纸面的同一个位置画两遍会比画一遍颜色更深。

2. 线

　　马克笔画线的用途，主要在于过渡颜色，多与平移一起搭配使用。用马克笔画线同样需要果断，也需要画得细一些。不需要有起笔。通常一种颜色的过渡线有一两根即可。如果线太多反而会有画蛇添足的感觉。

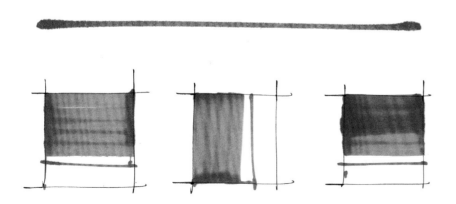

3. 点

　　马克笔的点是比较灵活的，也是比较复杂的。很多读者在处理点的时候都比较头疼。马克笔的点多用于一些特殊材质的过渡，以及植物的刻画。在画点的时候，点要圆润、平稳、自然，要按照平面构成的原理来处理点的排列。通常采用"以面带点"的方式进行刻画。

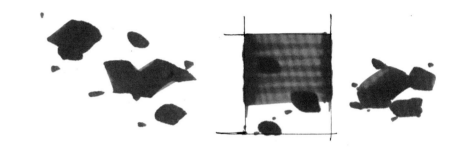

4. 扫笔

　　扫笔是指在笔运行的过程中快速地抬起，使笔触在纸面上留出一条过渡的"尾巴"。这种技法多用于处理画面边缘和需要柔和过渡的地方。扫笔只能使用浅颜色，重色在扫笔的时候很难处理。扫笔也多与彩铅结合使用。

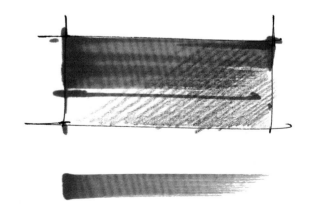

5. 斜推

斜推的笔法类似于平移，但它主要是处理有菱形的地方，如带有透视感的地面或者建筑的底面等。可以通过调整笔头的角度来调节笔触的角度和宽度。

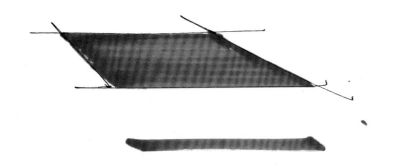

6. 蹭笔

蹭笔是指将笔压在纸面上快速地来回移动，从而填充颜色的方法。蹭笔的用途与平移也很相似，只不过蹭出来的画面过渡更加柔和。

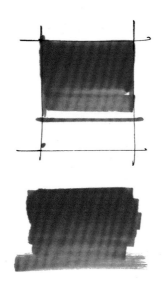

第三节　彩色铅笔上色技法

彩色铅笔也是手绘效果图的主要上色工具。相比马克笔，彩铅更加简单，更容易上手，但是整体色彩的表现力略弱于马克笔。不过很多人比较喜欢彩铅这种很淡雅清新的风格。在日常主流的手绘表现中，彩铅更多的是用于辅助马克笔。虽然通常我们也只不过使用 72 色彩铅，但是由于彩铅可以根据下笔的力度不同而反映出不同的色彩，所以虽然只有 72 支笔，却可以画出很多的色彩变化。

彩铅分为水溶性和非水溶性两种。这两种笔的属性不同，用法也有差异。水溶性彩铅的色彩更加丰富，铅质较软，画的时候笔触颗粒较大，不适合刻画细部。非水溶性彩铅的色彩感略弱于水溶性，但是铅质很硬，比较适合刻画细节。在使用彩铅的时候，要把笔尖削尖，干脆利落地使用，千万不要画得太腻了。

非水溶性彩铅的效果

水溶性彩铅的效果

至于笔触的方向，要尽量保持一致，不要像素描一样交叉排线。

错误用法

第四节　马克笔的应用技巧

1. 黑色马克笔的应用

在用马克笔给画面上颜色的时候，经常会用到马克笔色彩最重的一种颜色——黑色。黑色马克笔的应用会使画面整体层次拉到最大，画面的视觉冲击力达到最强。但是水能载舟亦能覆舟，黑色马克笔也是马克笔上色中最让人头疼的一环，因为一旦黑色用得过量，就会直接毁掉整个画面。

那么黑色马克笔一般用于什么位置呢？

（1）整个画面中最受不到光的地方，如墙角、叶片的缝隙等。

（2）阴影处。

（3）明暗交界线的暗处。

（4）远处的物体。

（5）植物的暗部。

（6）水体的暗部。

（7）玻璃等表面光滑或反射特别强烈的材质。

2. 高光笔的应用

高光笔通常用在画面将要完结的时候，用来提升画面效果以及修补画面上一些细微的瑕疵。同黑色马克笔一样，高光笔可以将整张图的对比拉到最大，但是也要慎重使用。很多读者非常依赖高光笔来提升画面效果，这样做是不对的。高光笔虽然可以对画面的整体效果做很多改善，但其作用毕竟是有限的，所以不要过度依赖高光笔。

在使用高光笔的时候，一定要点得饱满，不能蹭得很脏，尤其不能在彩铅上提高光。修正液是可以在彩铅上使用的。

高光笔通常用于如下几处。

（1）整个画面最亮的地方，如屋顶、植物的亮部等。

（2）明暗交界线的亮处。

（3）需要清晰强调的物体亮部。

（4）水体的亮部。

（5）玻璃等表面光滑或者反射特别强烈的材质。

CHAPTER 04

常用的单体画法

植物

景石与水体

亭廊

铺装、景观设施及人物

景观小景

第一节　植物

　　植物是景观设计中最不可或缺的部分。几乎没有一张景观效果图可以离开植物，无论是草图方案还是最终表现图。我们常用于设计的植物分为乔木、灌木、棕榈类植物、针叶类植物、地被植物和其他植物等。

1. 乔木

　　乔木是效果图中使用最多，同时也是表现难度最大的背景植物。画乔木之前，要多观察身边乔木的大体形态和特征。

　　画乔木的时候，分为树冠和树干两部分。画树干的时候，要注意树干的比例，以及粗细和高度的比例关系。而且树干的根部较粗，枝端较细；主干较粗，分支较细。在画乔木的时候，树干虽然没有树冠重要，但由于树干非常简单，所以应该在第一时间解决树干的问题。

　　画树冠的时候，首先我们要知道树叶的生长态势是毫无规律的，所以在画的时候也是越自然越好。一棵树的树叶有成千上万，我们不可能一一画出，所以需要对树叶进行概括。概括的方法很多，我们通常采取一种抖线的形法。

　　在抖线的时候，要注意一些树叶的基本生长走势。比如有些树叶总是尖的一段露在外面，有些树叶则是圆的露在外面。在抖线的时候也要适当加以体现。

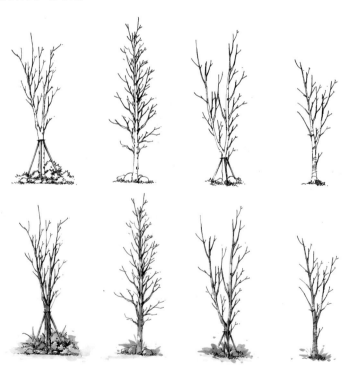

除此之外，还要考虑树干的分支点。有些乔木的分支点高，有些分支点低。控制好分支点的高低，可以在一定程度上区别所画乔木的种类。

乔木上色：给植物上色最重要的有两点，一个是整体植物的大光感，另一个是笔触的塑造。笔触既要表现树叶的自然性，但又不能过于凌乱。笔触既要灵活，又要有章法。应注意暗部与亮部的衔接，以及枝干形态与叶片之间的自然搭配。

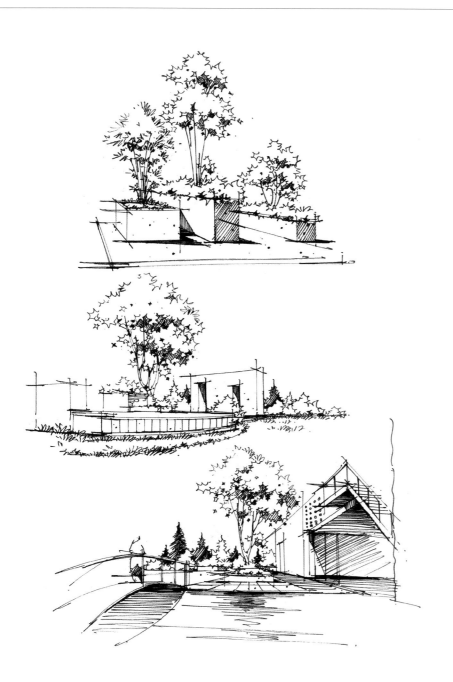

2. 灌木

灌木是指那些没有明显主干、比较矮小的树木。它们一般呈丛生状态，而叶片通常也比乔木的细小。在刻画灌木的时候，要区分有主干和没有主干的灌木。

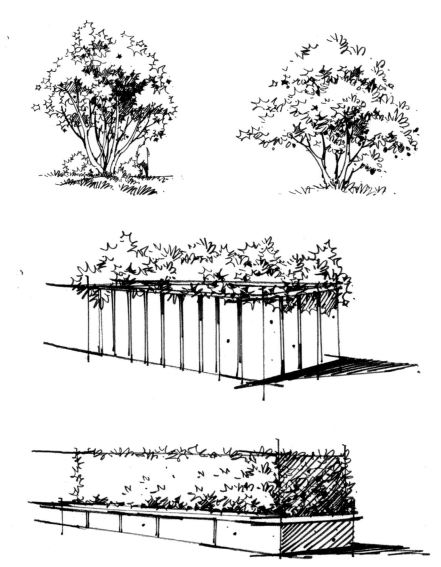

灌木上色：相对于给乔木上色，给灌木上色可以更加紧凑、细致。要注意体感的处理。灌木上色通常不会像给乔木上色一样放得开，可以更严谨一些。

3. 棕榈类植物

棕榈类植物呈乔木状，但是高度悬殊，高的可以达到 10 米，而矮的可能只有 2 ~ 3 米。在画面中，棕榈类植物可以起到调节画面、使画面更加生动和丰富的作用。棕榈类植物的树叶细窄而尖锐，画的时候要对它们进行分组，不能一根根都独立地画出来，那样看上去太死板，缺少美感。(图 1)

在手绘效果图中，常见的棕榈类植物有两种，一种是椰子树类，另一种是蒲葵树类。

（1）椰子树类

通常都比较高，由一个点向外呈散开状。每一条主茎的叶片都呈扇形散开。(图 2~ 图 5)

椰子树上色：注意叶片叶梢的形态，还要注意对叶子缝隙通常用重色来刻画。笔触的走势要随着叶片的形态来进行。

（图 6 ）

图 1

图 2　　　　　图 3　　　　　图 4　　　　　图 5　　　　　图 6

（2）蒲葵树类

通常我们称其为"球树"，它以树顶中心的一个树球为中心，叶子向外扩散开。每组叶子又由中心的一点闪开，呈扇形。（图1~图3）

蒲葵上色：给蒲葵上色的技法与椰子树有些相似，应注意整棵树的紧凑感。（图4）

棕榈类的树干通常都是横向生长的纹路，而且树干根部和顶端都较粗。（图5）

图1 图2 图3 图4 图5

4. 针叶类植物

针叶类植物由于颜色通常较深，而且刻画难度很大，所以通常都是用来作为配景。画针叶类植物的时候，通常有以下几种表现形式。

针叶类植物上色：针叶类植物的颜色通常较阔叶类乔木深，层次相对来说也不用刻画得那么丰富，常作为效果图的配景出现。

5. 地被植物

地被植物在效果图中最常用的就是草地了，至于其他的比如模纹之类的地被植物并不常用，因为它除了色彩与草地不同外，其他的表现形式与草地和灌木大体一致。画草地的时候，不能密密麻麻地把整个草地都点上"点"，要有节奏感地对草地进行分组。

草地的画法还分为"长草"和"短草"。

草地上色：给草地上色既要大面积地"平"，又要有一定的肌理感。这种肌理感可以用马克笔来塑造，也可以用彩铅来表达。

6. 效果图中的其他常用植物

第二节 景石与水体

1. 景石

景石在园林中使用的也很多，无论是现代风格还是古典风格的园林景观，都少不了景石的出现。景石多用于假山造景、堤岸、园区造景等方面。那么我们知道，石头是非常复杂的物体，每一块石头的样子都不相同。所以我们在画景石的时候，第一要注意石头的块状感。也就是说石头是立体的，不要画得很平。第二要注意石头的自然感，不能让它看起来太过僵硬死板。第三是要懂得概括。我们手绘效果图不是写生的工具，不需要把石头画得太写实，不用每一个面都刻画到。只要把景石的样子概括起来以达到足够我们图面使用就可以了。

2. 水体

水体可以说是除了植物，园林景观中最重要的组成部分。很多园林景观的设计都离不开水体。常见的水体造景分为自然式水体和规则式水体。自然式水体是指并非人工修葺的水池，而是自然界中流动的水。

景石上色：景石上色重点在于区分亮部和暗部。笔触不宜过多，表达出石头的体感即可。

规则式的水体就是指人工修葺的水池，并且有一定的人工造景功能，如喷泉、跌水等。

无论是自然式还是规则式水体，在画水的时候，我们都应该先了解水的特性。水是清澈的，流畅的。所以我们在画的时候，线条一定不能乱，要随着水流动的感觉来画线。

注意：画喷泉的时候要注意水落下时下面的水纹。

注意：画跌水的时候应注意向下流动的力度感以及溅起的水花肌理。

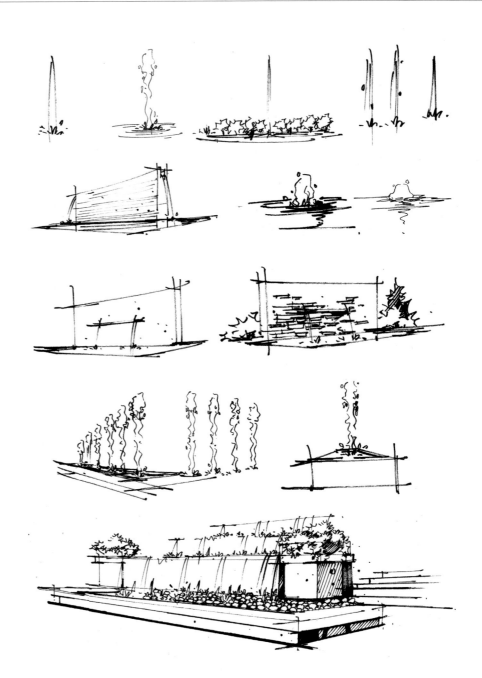

水体上色：水体上色是景观手绘中一个重要的课题。尽管在自然界中，水大部分是呈透明无色的，有时水也会是绿色的，但是为了画面的效果，通常在手绘效果图中，我们会把水处理成蓝色。至于用什么样的蓝色，是偏绿一点还是偏蓝一点的蓝色这个可由作者自行决定。

选好了颜色，我们开始塑造水的感觉。我们常用的水的感觉有两种，一种是波光粼粼的水，另一种是清澈透明的水。

（1）波光粼粼的水

处理波光粼粼的水，需要使用黑色的马克笔的侧锋来扫出水波的笔触。然后再用高光笔和修正液来点出水的亮部高光。高光的形状同样需要注意。

（2）清澈透明的水

处理清澈透明的水，偶尔也会使用黑色，但是要很慎重，不能使用过多。而有的时候还需要在水中刻画出反射的水面上的物体，那么要注意反射的物体是原有物体的镜像，它们的透视消失点是同一个。并且如果原有物体是垂直的，那么反射的影像也一定是垂直的。

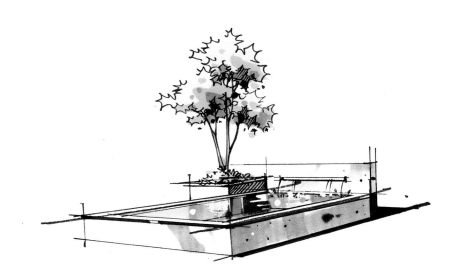

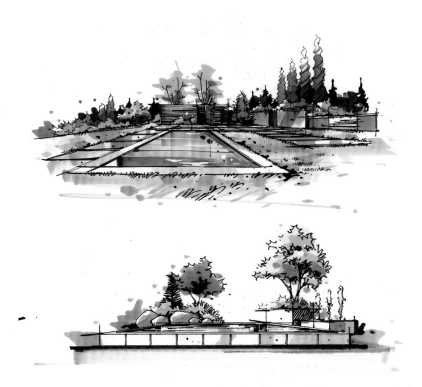

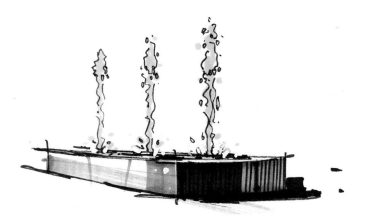

跌水喷泉上色的时候，颜色不要刷太多层，一般一两层颜色即可。要既能感受到透过流下的水，又能够看到水后面的物体，有一种若隐若现的感觉。

3. 其他常用水体

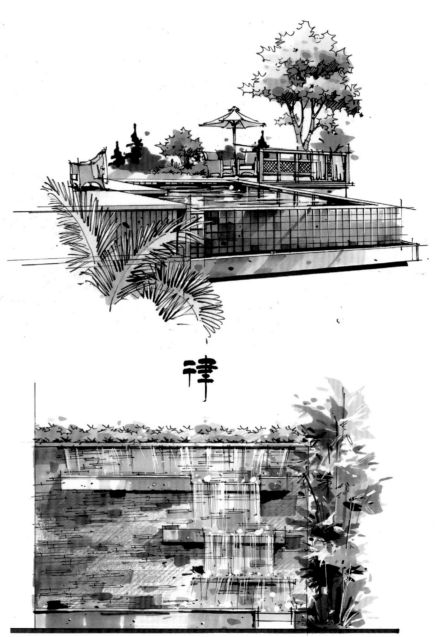

第三节　亭廊

1. 亭廊

亭廊是景观设计中最常见最关键的建筑物。一旦画面中出现了亭廊，基本上都会作为主体来处理。画亭子的时候，首先要掌握好亭子的透视和比例。亭子的长宽高均按照 2.5 ~ 3 米的尺寸来画。

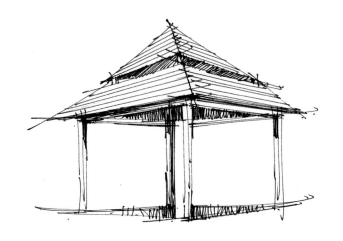

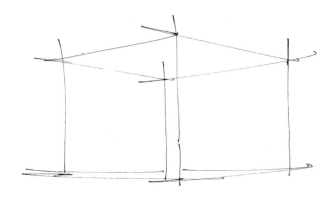

处理亭子的时候，有些亭子形态非常复杂，我们要对它们进行概括。尤其是廊架的横梁，一根根的很难处理，所以我们可以先把整个廊架的顶面看做一个整体，再在上面细分每根梁。

先把亭子的框架勾勒出来，然后确定亭子顶端最高点的位置，之后就可以刻画细部了。

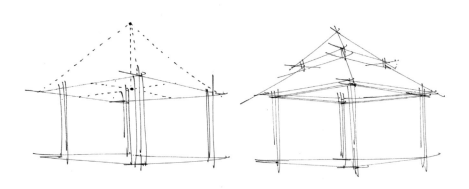

2. 亭廊上色

　　在给构筑物上色的时候，要明确光源的方向。亮部和暗部的处理要明显区分开来。而顶部的底面，我们可以用竖线条的笔触来表达一定的反光感。

3. 其他常用亭子

第四节　铺装、景观设施及人物

1. 铺装

铺装的种类有很多,我们要了解每种铺装的材质特性,如石板、木材、卵石等材质。画铺装的时候,一定要注意整体铺装的透视不能跟画面的大透视感觉冲突,否则铺装会让人感觉没有嵌在地面上而是翘起来的。

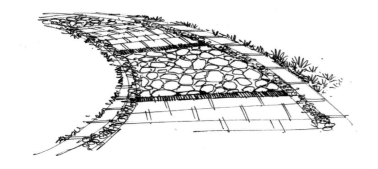

有的时候铺装不宜画得过满,需要一定的取舍。

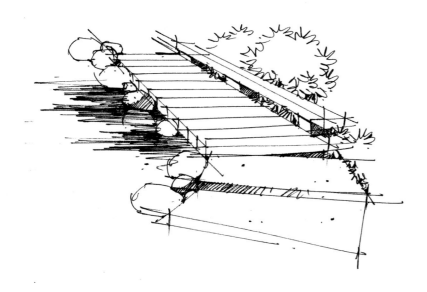

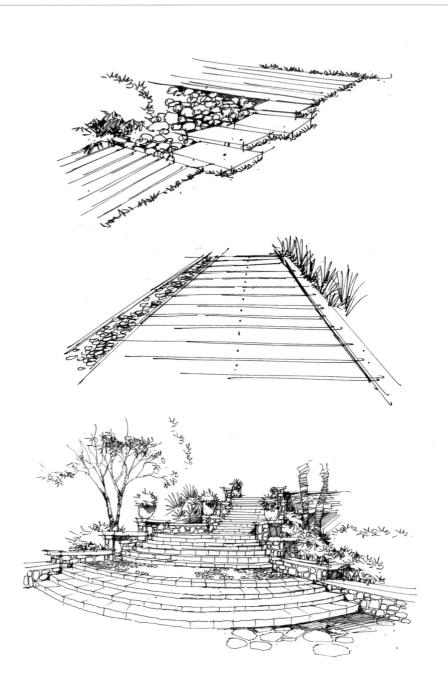

2. 景观设施

画好常用的景观设施也是提升画面效果一个不错的办法，所以应该通过大量的练习来熟练掌握景观设施的塑造。

3. 人物

　　人物是景观效果图的尺，通过人与其他物体的比例关系可以感受到整个场景空间的大小。画人的时候，我们不需要把人刻画得太具象，只要有一个大概的感觉即可。下面给大家列举几种简单常用画人的方法。

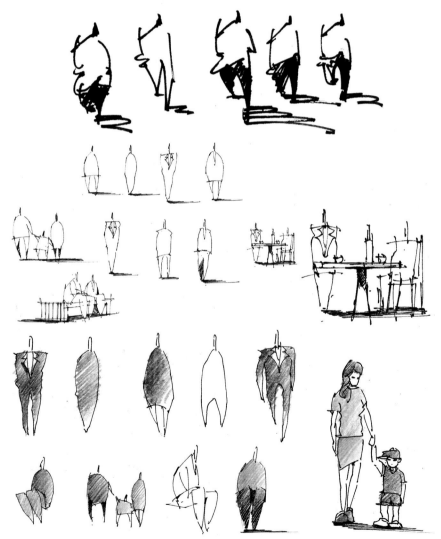

第五节　景观小景

练习了大量的单体后，就可以开始画整体的效果图了。在画效果图之前，我们可以先从景观小景练习入手。在选择景观小景的时候，要考虑构图和整体的设计表达感，不要盲目。

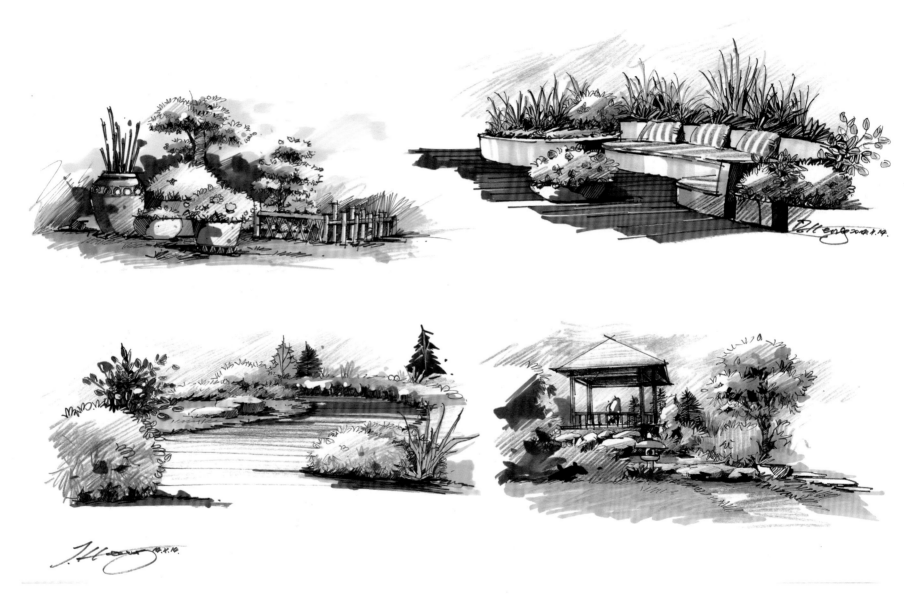

作者 旷佳恒

CHAPTER 05

常用方案图的绘制表达

平面图绘制

平面图上色

草图绘制

第一节　平面图绘制

平面图是景观设计中最重要的一个环节，也是设计开始的第一步。即使在整套方案都完成了之后，在向别人展示的时候，往往也都是从平面图开始的。那么绘制清晰、美观的景观平面图是每一个设计师都必不可少的技能。

1. 单体植物的平面

单体植物的平面图绘制方法有很多，我们手绘的原则是简单、清晰、容易分辨。那种复杂线稿的平面植物并不适合常用的景观平面图。注意，在画最简单的平面植物时，即一圈一点的画法，中心那一点我们成为植物的种植点，一定不要忽略。

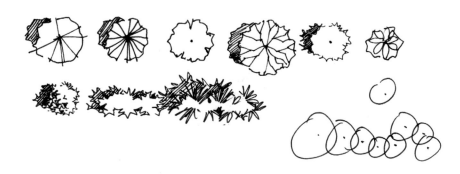

2. 植物组团的平面

很多时候我们需要处理大面积的植物组团。那么画植物组团的时候要注意植物之间排列的美感。比如一排行道树，在每隔4~6棵的时候我们可以空出一棵的空隙。

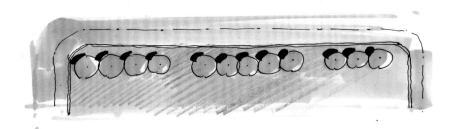

如果是几棵树散置在草坪上，那么我们要注意他们之间排列的感觉。切记不可使用等边三角形排列。

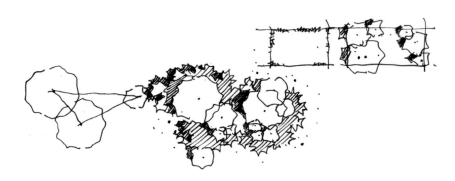

3. 铺装的平面

在绘制平面图的时候，除了植物、草地以外，最重要的就是铺装部分了。在处理铺装的时候我们要记住如下几个原则。（1）平面图中的铺装，不需要严格按照实际比例来画，只要表达出铺装的形式即可。（2）铺装的形式尽量简单化。（3）铺装上色尽量在一两层颜色内完成。深色的铺装极难处理，使用时要慎重。

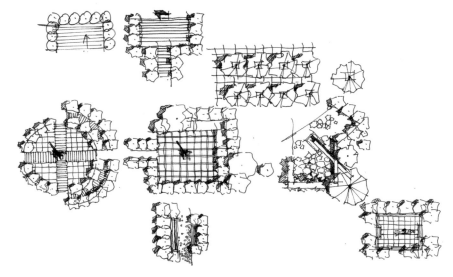

4. 水体的平面

水体的平面要注意水纹的处理方式。上色的时候用蓝色上一两层即可。

第二节　平面图上色

平面图的上色以简单、清晰地表达各个单元为基本原则。不宜在一个物体上使用两层以上的颜色。平面上色的时候还要尤其注意阴影的表达方法。选好光源的方向（通常是东南和西南方），然后以小半圈的方式包围物体。切记阴影不可包围物体超过半圈。

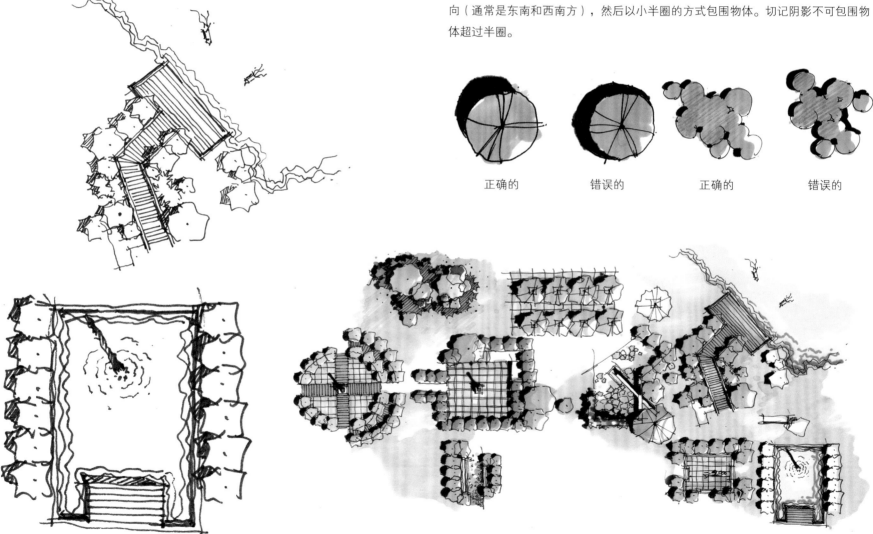

正确的　　　错误的　　　正确的　　　错误的

平面图的各种风格

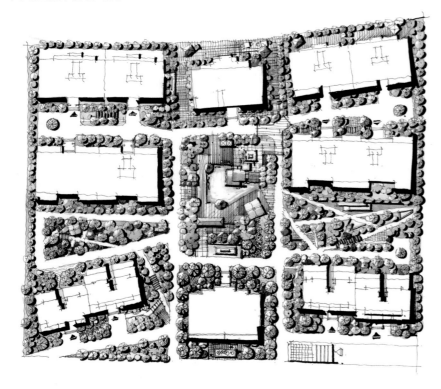

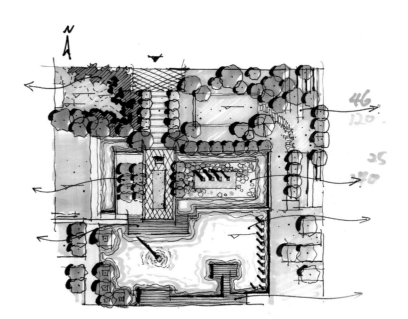

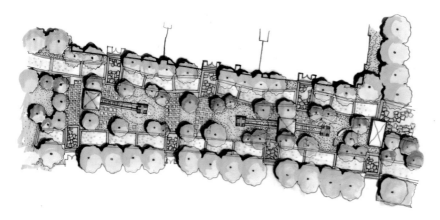

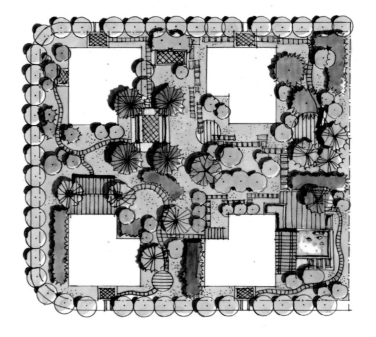

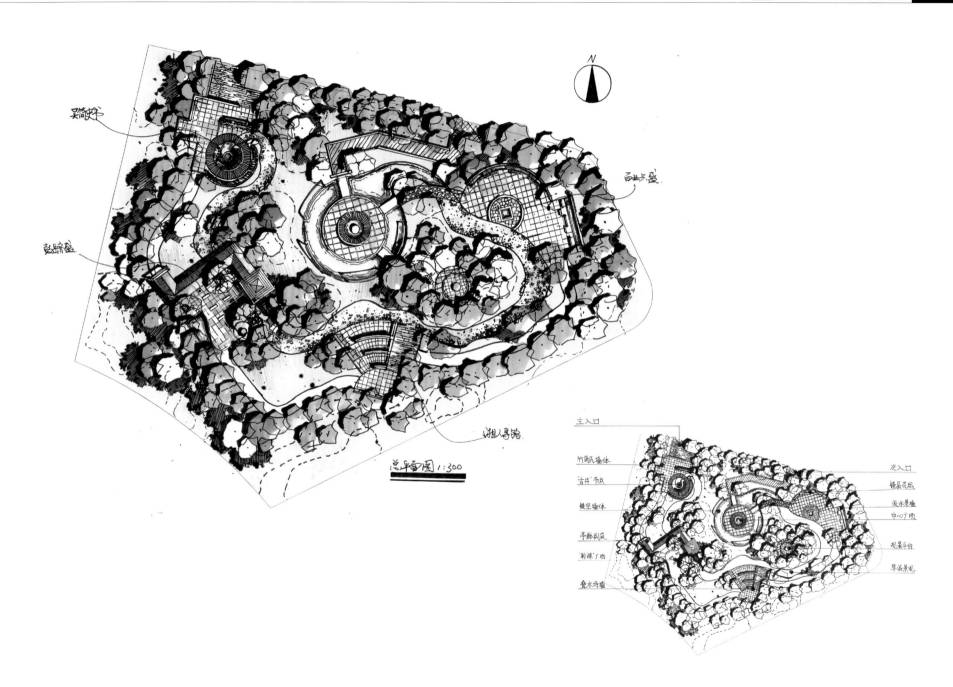

总平面图 1:300

主入口

竹简底墙体

古井节点

镂空墙体

导廊构筑

跌水广场

叠水跌墙

次入口

镜展花坛

跌水景墙

中心广场

观景平台

旱溪景观

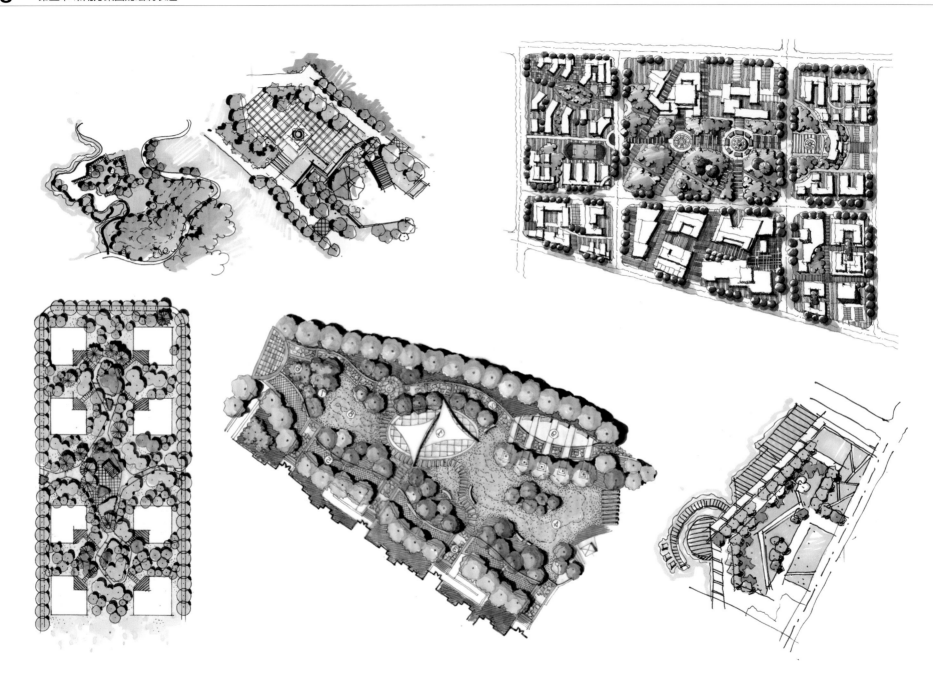

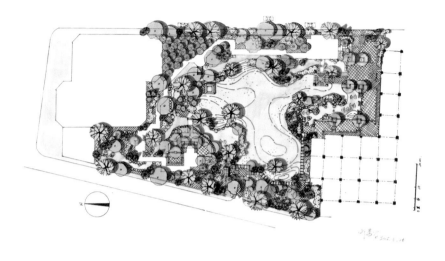

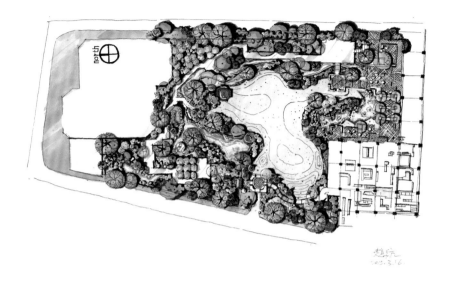

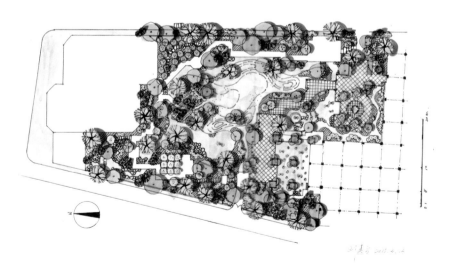

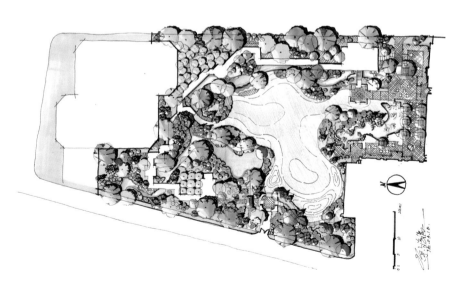

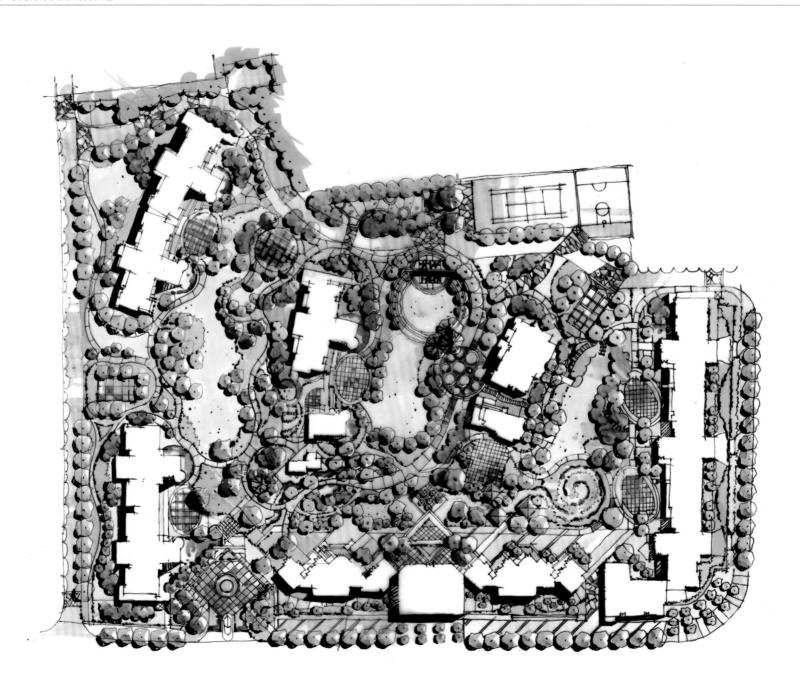

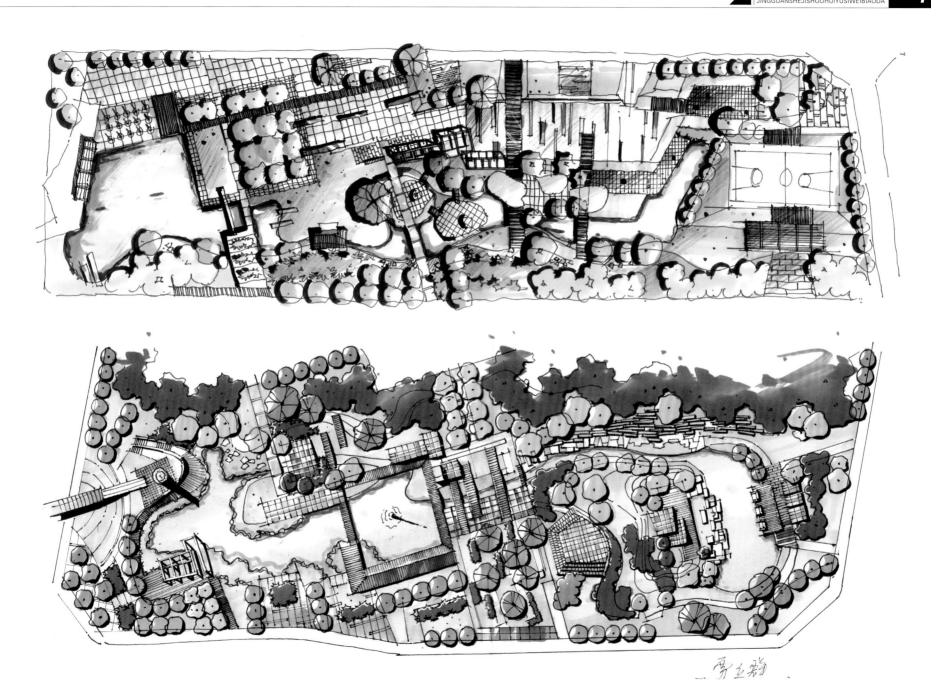

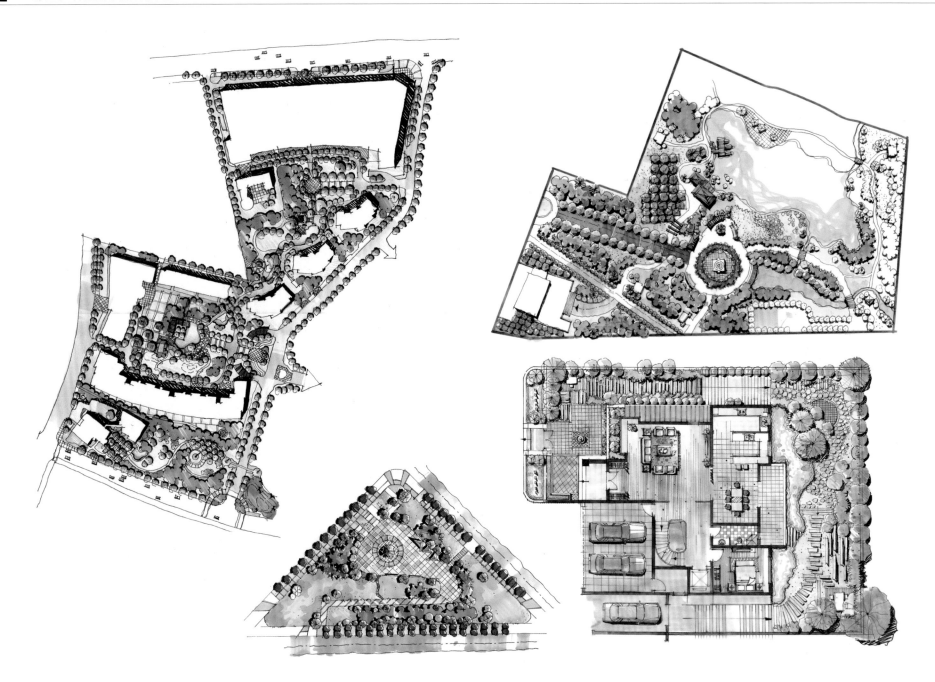

1. 立面图、剖面图的绘制表达

在绘制立面图与剖面图的时候，跟平面图一样，颜色使用不能过多。物体的塑造不能太过立体要把物体处理的平面化，清晰化。

在画剖面图的时候，我们还要注意以下几点。

（1）剖切符号绘制准确，并与所绘制剖面图剖切区域一致。

（2）剖切的区域或地形需加粗突出。

（3）剖面图重点体现设计的高差变化及与周围环境关系，植物无需画得特别仔细，体现前后层次即可。

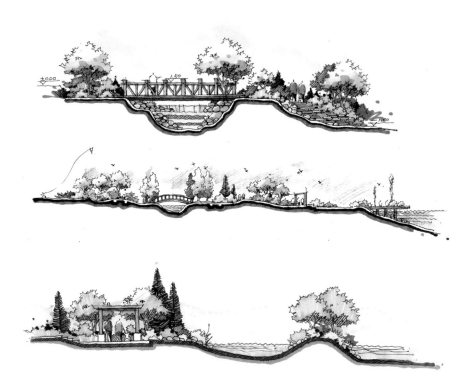

立面图的细致处理方法

立面图的简单处理方法

2. 平面图返效果图画法

平面图返效果图是我们课程中的重中之重，也是设计师最实用的技能，其难度非常之大。要求在临摹了一定量并且具备了一定的手绘基本功之后再进行练习。

（1）通过这样一张平面图，我们选择了其中一个节点来绘制它的效果图。在平面图中确定要画的场地和角度。

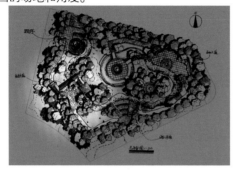

（2）用铅笔大致勾出主要物体的位置、形态、透视。视点尽量要压低。

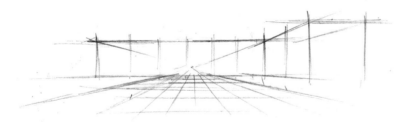

（3）在确定第一步没有问题的情况下，开始进一步底稿完善。具体这一步要细致到什么程度，可以根据作者自己的意愿。因为铅笔稿最后是要被擦掉的，所以如果节约时间，就用很简单的方式来定出植物的位置。

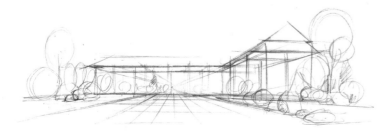

（4）铅笔稿定好之后我们开始上墨线。上墨线的时候就要注意所有的细节，植物的美观等要素。画线稿的时候要确定的还有植物的层次划分。

（5）最后上色。注意主次物体的笔触应用区别，画面光源的方向以及光感的塑造。

3. 平面图返鸟瞰图画法

鸟瞰图的绘制是一套方案中非常出效果的部分，在很多同学眼中，鸟瞰图是十分复杂和困难的。但真实的情况并非如此，鸟瞰图根据场地的大小，设计的丰富性，它的难度也是有着很大的区别。总体来讲，鸟瞰图并不像我们想象的那样困难，相反有很多技巧和方法可以让鸟瞰图在绘制上的难度小于效果图。

（1）在设计中我们会遇到各式各样的地形图，在最初定稿的时候就比较复杂。但是无论地形多么复杂，我们都把它先作为一个方形来理解，用方形的框将它框起来。然后定出方形的中心线作为参考线。定了参考线后，需要定出自己画图的角度和方向，通常选择主要表达的物体作为近景。

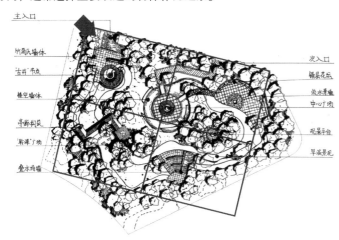

（2）在纸上根据透视定出方形和参考线的位置。

（3）根据方形和参考线定出地形的大概形态，然后把主要物体在地面上的位置定出来。

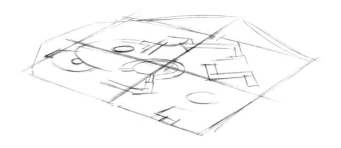

（4）根据物体在地面上的位置将它们垂直的拉起来，勾勒出他们的体块。然后再把植物大体的位置感觉定出来。

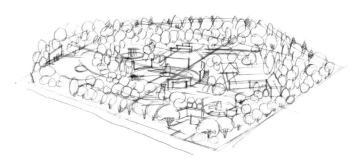

（5）最后描出墨线，在描线的时候需要细致刻画出主要表达的物体。

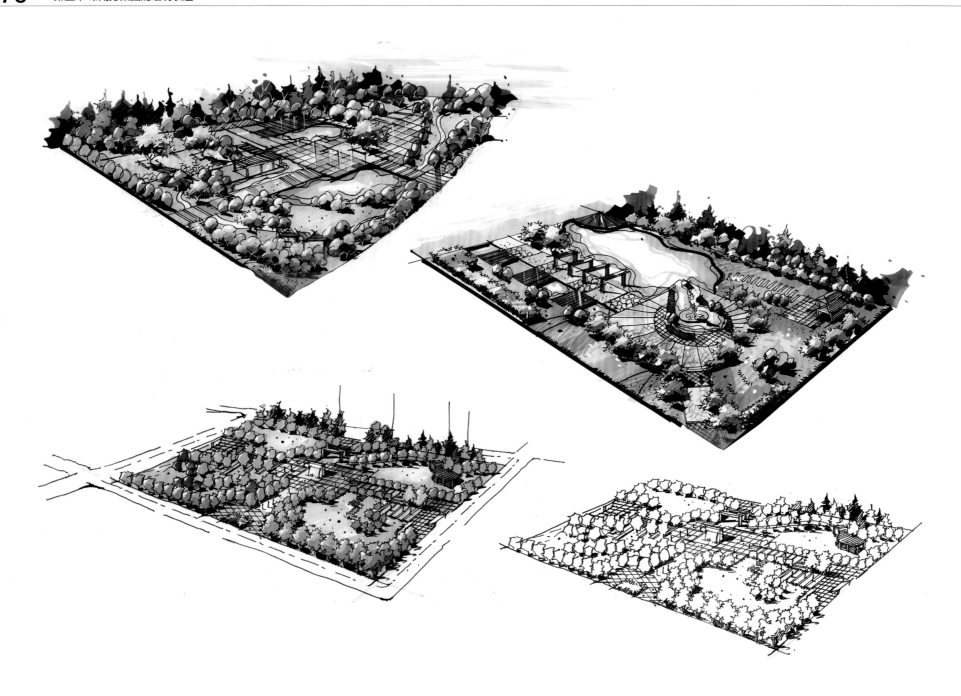

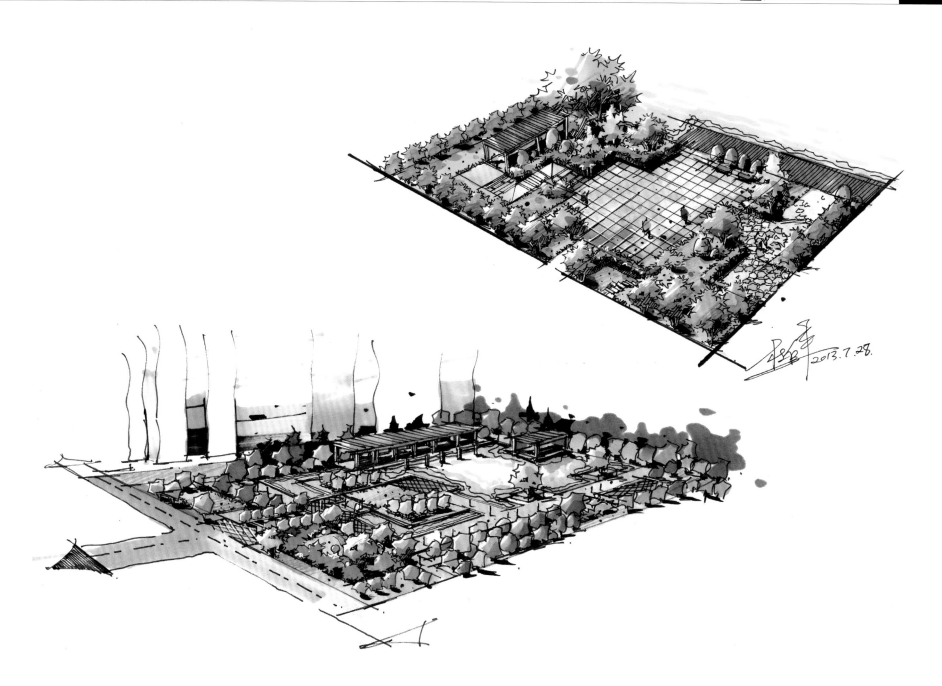

第三节　草图绘制

1. 平面草图

平面草图是我们设计中很常用的表达手法，不管是做方案，还是日常记录设计思维，勾勒平面草图都是非常不错的选择。绘制平面草图的时候，主旨在于表达记录设计意向，所以细节方面不需要太过于刻画，从设计大方向开始入手，即使是上色，也只要区分开各个单元即可。

（1）首先确定设计范围，描出红线。

（2）进行基本构图，勾出区域轮廓。

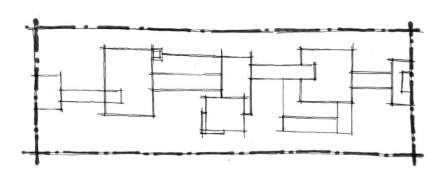

（3）细致处理节点。

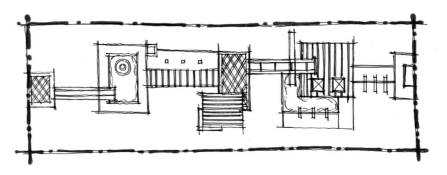

（4）添加乔木。

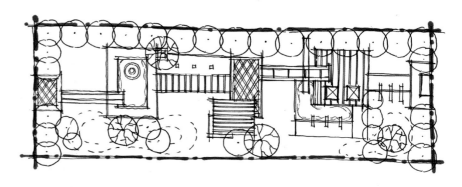

（5）添加灌草。

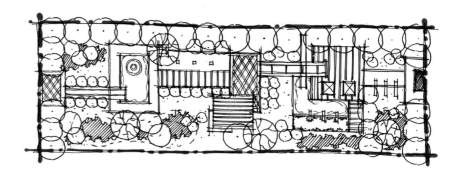

（6）绘制阴影。

（7）简单的上一层颜色来提高草图各个单元的辨识度。

（8）一些必要的文字标注。

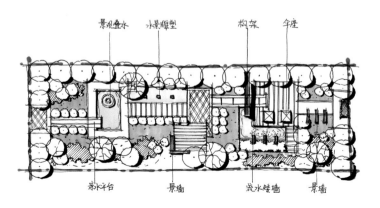

2. 方案草图

方案草图是设计师在初级构思方案时一种最有效的记录方式。画好草图是每一个设计师都梦寐以求的事情，那么如何才能画出好的草图呢？

第一，在平时要多积累，看到好的设计作品就要有随手勾勒的习惯。

第二，对于之前我们所讲的知识也要熟练掌握。草图虽然是一种简化的手绘表达方式，但是所蕴含的内容和对设计师基本功的要求却是非常之高。简单来说，草图就是把效果图简化的一种方式，能够在更短的时间记录设计思维。所以不是任何人随手一画就叫草图，而是设计师经过日积月累的训练，将设计思维快速表达出来的作品才叫草图。

草图上色也是要突出一个字——快。如果你将草图细细地勾勒，那基本也就失去草图最根本的价值和意义了。所以草图上色的时候，只要将物体的固有色表达出来就可以了。至于体感、光感的塑造，都可以暂时放在一旁。

3. 草图练习

CHAPTER 06

整体效果图的绘制表达

小区广场表现

别墅水体表现

小区宅间表现

海边别墅景观表现

联排别墅景观表现

整体鸟瞰图表现

休闲空间景观表现

整体效果图的绘制是本书的重点，也是一直一来卓越手绘的精髓所在。基本上可以这样说，之前练的所有都是为了能够画好整体效果图。反之能够画好整体效果图之后，其他的问题也都可以迎刃而解。

第一节　小区广场表现

1. 小区广场的两点透视效果图

在构图的时候，要注意整张图空间的处理。单体物体画得越大，整个空间就会显得越小；然而单体物体画得过小，又不能表达设计意图。所以整个单体跟空间的比例关系尤为重要。地面铺装的透视，也是这张图的一个重点。本身地面面积就很大，所以处理好地面的铺装形式和比例才能使这张图看起来舒服。后面的亭子塔楼是整张图的视觉中心和重点物体，需要着重塑造。

这张图的植物部分大多采用的是热带植物，那么要注意叶片之间的空隙要加重处理，使植物的形态更加清晰。

2. 着色

　　在线稿确定了以后，我们开始对整张图进行着色。一张好的效果图，到底是线稿部分重要，还是上色更重要？其实对于一张效果图，线稿相当于一个人的身体，而上色相当于一个人的衣着。身体是最根本的，如果身材畸形，即使穿上好看的衣服也于事无补。但是如果身材良好，那么再穿上美丽的衣服，无疑会使整体都变得更加吸引人。

　　开始上色的时候，先要确定光源的方向以及已确定物体的固有色。最亮的地方多留白。

3. 进一步着色

将整体的色彩感觉都塑造完整，但是对于明暗还是先不做处理，这一阶段主要就是确定整张图的色彩搭配。

2014.11.13.

4. 塑造整体画面

　　这一步的重点是塑造整体画面以及各个单体的明暗感觉。到此，整张图就基本完成了。除了明暗的光感以外，我们要更注意细节的处理，尤其是塔楼和廊架等构筑物。在刻画细节的同时也要注意笔触的形态。对于植物要分清主次，主要植物可以细致刻画，次要植物要弱化。甚至一些植物所处的位置比较靠后，更是要简化处理。

5. 刻画细节

　　所有的细节都要深入的刻画，但是有些受光的地方还是可以留白处理。然后我们在一些地方加以彩铅配合过渡，使整个画面看起来更完整、统一。最后在一些表达高光的地方使用高光笔和修正液来提出高光。

　　天空的画法很多读者比较头疼，在处理天空的时候其实有很多办法，但是围绕的基本原则大体相同。就是在画天空的时候，笔触尽量为整体，不宜太碎。这张效果图的天空还加入了彩铅，轻轻地用彩铅的笔尖将云的轮廓勾勒出来，可以突显整张图清晰、硬朗的风格。

第二节　别墅水体表现

1. 线稿

　　这张图训练的重点是人工水池的处理方法。画线稿的时候要注意控制空间的进深感。线稿的处理围绕着近明远暗的原则来进行塑造。右边的植物比较复杂，种类很多，表现的手法也不一致，在塑造的时候注意每一种植物使用的手法。在刻画水纹的时候，要根据地面上物体的形态和明暗进行处理。

2. 铺色

在铺色的时候，首先要注意各个种类植物之间的区分。可以主观地将一部分植物的颜色处理成偏冷的感觉，这样才能将它们更好地区分。其次就是水的颜色处理。通常来讲，我们是将水处理成蓝色，但是这张图的水占据了画面大约1/3的面积，而且还是在画面的前端，如果处理得太简单，色彩太单一的话，会使整个画面变得苍白无力。所以，在画水的时候，我们主观地加入了环境色以及地面上物体倒影的颜色。

3. 加入重色

重色的加入会使整张画面看起来清晰、具体。在画重色的时候，必不可少的就是加入黑色。加入黑色的时候，一定要慎重，一定要加在最重的地方且面积不能很大。因为马克笔只能将颜色往深了加却不能往浅了减，所以一旦黑色画多了，基本上就没有办法对画面进行补救了。

4. 画面处理

　　这张效果图的天空处理跟本章第一节的效果图不同，因为整个画面比较满，所以天空选择了弱化处理的方式。画面的边缘处理也是使用了彩铅进行弱化过渡。因为这张效果图的水体是人造水池，水面上有很多的水纹，所以对地面上物体进行的反射也不会有那么明显，但是又要有反射，这之间的尺度需要读者们自己来决定，也需要大家平时多注意观察。

第三节　小区宅间表现

1. 线稿

　　这张效果图是一张一点透视的宅间景观图。由于是一点透视，比起前两张美观性略弱，但是实用性更强。宅间的景观设计在一套景观方案中尤为重要，简简单单的一处场景，便可以表达出整个设计的理念和风格。在处理这张效果图画面的时候，首先要注意一点透视的所有横线都要水平，斜线交于一点。所以透视图只要认真，基本上都可以画得正确。重点就在于细节的处理。墙面、地面的材质，植物、草地的区分以及水体、水池的材质刻画都要注意到。

2. 上色

这张图在上色的时候，墙面上的光影感觉很重要。因为这张图本身在构图的时候比较简单，缺少画面的美感。所以在处理笔触的时候，需要有一些技巧，创造出光影照射的感觉。植物作为画面的陪衬，主要使用绿色来塑造。在光照比较强烈的地方，用了偏黄的绿色来表达光感。后方的植物笔触要更概括，建议使用冷绿色。

3. 添加过渡的中间色

进一步细化画面，主要是添加过渡的中间色。右边的植物前后关系处理是这一步的重点和难点。由于左面有一栋很高的建筑挡住了光，所以画面整体颜色偏暗。

4. 完善画面

这一步加入更细致的过渡使画面更加完整。在远处的地方加入了一部分的黑色，增强空间进深感。

5. 画面调整

使用高光笔、修正液来增强画面光感，使用高光笔适当地对物体轮廓加以强调。然后加入彩铅，对前面和草地进行过渡的补充使整个画面完整。

第四节　海边别墅景观表现

1. 线稿

　　这是一张海边别墅的周围景观表现图。郁郁葱葱的山体植物中坐落着一间漂亮的别墅是这张图主要表达的意境。通过植物来表现别墅与山体之间的关系，所以要着重注意植物不是种植在一个平面上而是山地上的感觉。

2. 上色

本张图上色采取了先主题后背景的处理方式，显示确定主题的颜色以及细节，然后再根据主题的颜色来确定细节的颜色。

2014.12.25.

3. 确定背景色

在确定背景颜色时，需注意背景颜色使用的绿色纯度不能过高，否则就会弱化了主体建筑。应该用较灰的颜色来让主体建筑更突出。

4. 画面调整

进一步刻画主体和背景。

第五节　联排别墅景观表现

1. 线稿

　　这是一张联排别墅的景观设计表现图。画面的主体和重点应该是别墅本身，但是设计的主体和重点却是别墅周围景观。那么在表现的时候，我们心里应该清楚这张图所要表达的重点在哪里。所以在处理植物和前面的水池的时候，主观的就要将其细化，而别墅部分反而多使用概括的手法表达。只需要画出别墅大概的设计感觉和结构就可以了。

2. 铺色

在铺色的时候，注意植物的处理。巧妙地使用冷暖色来使植物区分开来。水池的颜色使用了绿色，主要是训练大家使用更丰富的颜色来处理水体。

3. 视觉中心和主体的表达

后面的植物和山体大面积使用很灰的绿色来处理，可以更好地烘托前景物体，细化处理各个物体，尤其是别墅的建筑体。虽然我们这张图主要是表达画面整体的氛围，但是别墅还是不可避免地成为画面的视觉中心和主体，所以必要的细节还是应该刻画出来的。

4. 画面调整

最后一步我们通过提白高光以及彩铅和细节的处理来完善画面。

第六节　整体鸟瞰图表现

1. 线稿

　　这张鸟瞰图是根据之前我们练习过的平面图画出来的。画鸟瞰图的时候要注意节点的主次表现，整体和单体的比例关系以及各个单体之间透视关系的处理。在最开始定形的时候，要先选择一个合适的角度。通常我们会选择主入口的方向来处理。然后根据平面图上的物体位置来确定鸟瞰图的物体位置。位置定好后，把物体的高度直接"拉"出来即可。鸟瞰图对于绘画功底要求很高，需要在画的时候沉下心来，千万不能急躁。

2. 铺色

铺色的时候，先从草地、水体等形体单一平面的物体开始。用浅色先整体区分出草地、水体、植物、铺装等各个单元。

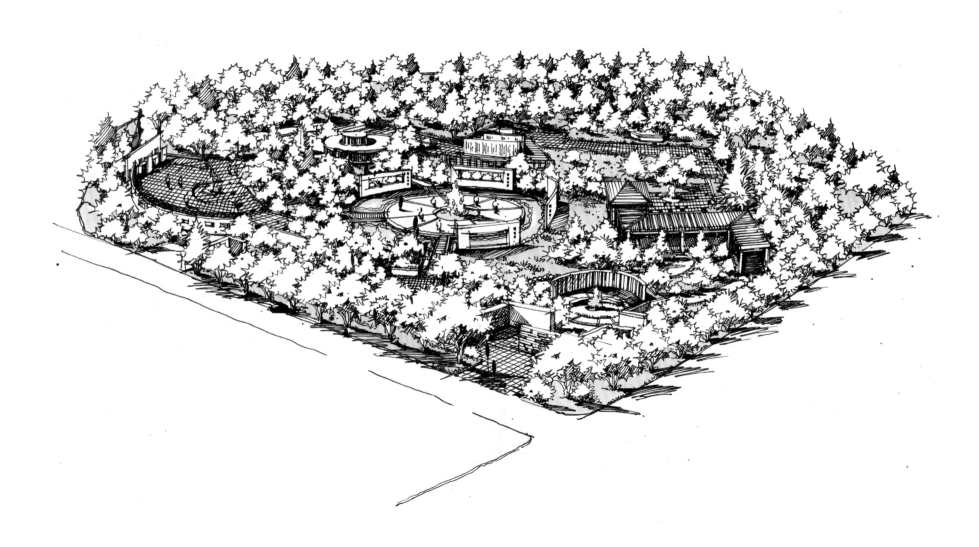

3. 主体颜色的确定

主体颜色的确定就是把主要的物体颜色定下来。通常画面有木制物体的时候，我们会考虑先从木头的颜色来开始确定。

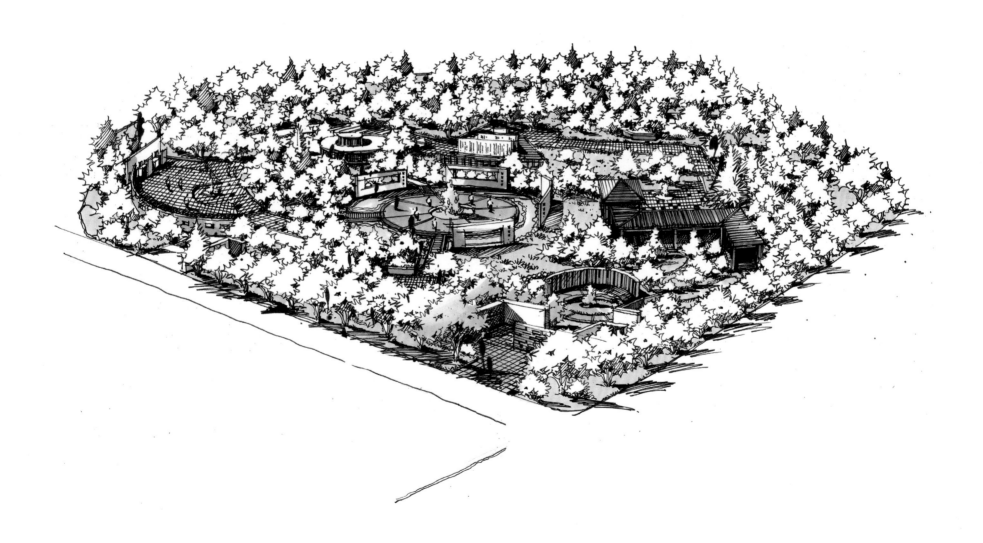

4. 整体上色

　　在鸟瞰图整体上色的时候，要用色彩来区分植物的组团。常用的区分植物色彩方式有暖绿色、绿色、冷绿色、灰绿色以及彩色。而铺装的颜色，多考虑选择冷灰色和暖灰色。面积小而设计感强的地方，可以选择一些彩色的铺装，但是不建议大面积使用彩色铺装。

第七节 休闲空间景观表现

1. 线稿

　　含有多个座椅、餐桌等物体的休闲空间，在处理线稿的时候非常复杂。所以我们将这张图作为我们效果图教学的最后一张。在处理这些物体的时候，要严格遵循透视和比例的准确性。除此之外，这张图其他的细节也处理的非常精彩详细，读者们在处理这张图的时候，细节要作为重点来表现。也由于画面太过复杂，所以最终的地方我们直接用黑色马克笔来加重，使画面更清晰。

2014.5.28.

2. 上色

在上色的时候，我们选择了从主体入手的方式。木质平台的暖色与地砖的冷色形成了对比，使画面的颜色既丰富又和谐。水中倒影的木头，也用同样的颜色快速地扫一遍。这样可以很好的跟水体蓝色结合，画出倒影的感觉。

3. 水体处理

在水体的处理中，加入灰色的绿色，弱化倒影的颜色使倒影看起来更加真实。而远处的背景植物，选择了比较灰的绿色来处理，为的就是更好地突出前景主体部分。包括天空，也是选择用大笔触的形式概括处理。

4. 水纹细节

最后一步，加入水纹的细节。使用了高光笔深入刻画表达了水纹的感觉。刻画每一个细节，加入了重色，中间色笔触的过渡，完善整个画面。

通过以上七张具有代表性的效果图练习，我们基本上完成了对于景观手绘效果图的一个初步训练。如果读者们能够认真地完成以上课程，相信你已经具备了一定的手绘表达能力，在日常的景观设计应用中应该能够使用手绘来丰满自己的设计了。作为最后一张的效果图练习，难度确实很大，但是只要读者们能够一丝不苟、认认真真地完成，一定会有很大的收获。

CHAPTER 07

卓越优秀作品欣赏

其他作品

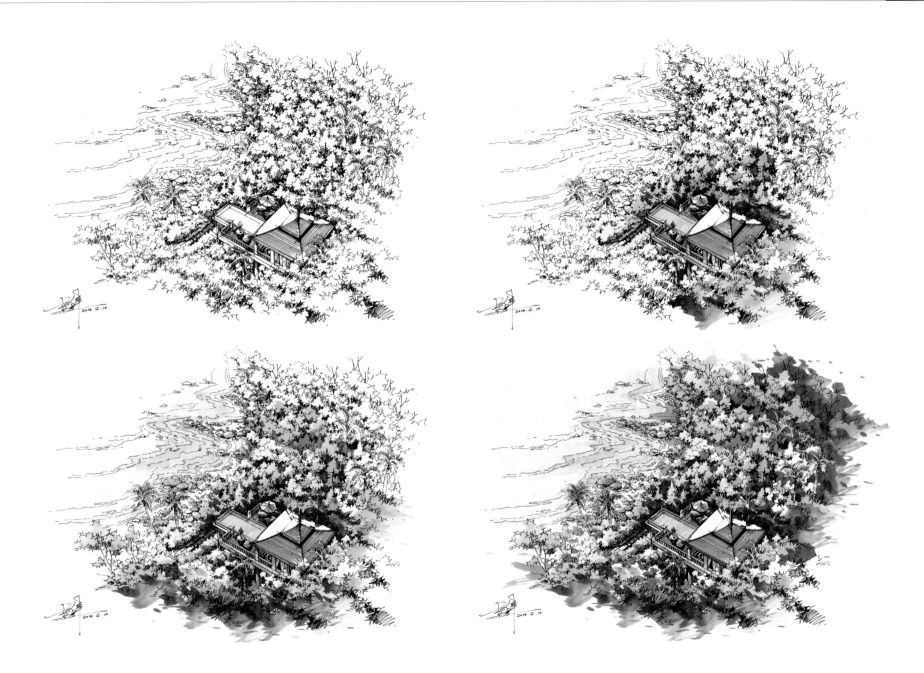

2014.3.14

2014. 3. 18.

2013.10.13.

其他作品

作者 邓惠方

作者 邓惠方

作者 邓惠方

作者 张家骏

作者 张家骏

作者 旷佳恒

作者　龚美娟

作者 宾珊

作者 向远

作者 汪若逸

作者 汪若逸

作者 杨安丽

作者 杨安丽

作者 余祥晨

作者 余祥晨

作者 王星宇

作者 贾立群

作者 赵航

作者 李洪任

作者 石永强

作者 王世玉

CHAPTER 08

快题设计绘制解析

快题设计的绘制流程

快题设计的绘制技巧

快题作品欣赏

第一节 快题设计的绘制流程

快题设计即在规定的时间内，针对任务书要求完成一套相对完整并能清晰反映设计者思路的方案图纸。现广泛用于研究生入学考试、单位入职考试以及相关专业类职业资格考试之中，成为选拔相关人才的重要手段。

虽然快题设计考试的要求在不断变化，设计面积由小到大再变小，现状条件逐渐复杂，设计要求不断提高，取消上色，加重平面图分值等。但快题评判的特殊性（即在短时间内评阅大量试卷）以及评阅者的主观倾向，又要求考生在制图表现、平面构图以及排版上具有一定的吸引力且能迎合评阅者喜好，才能在众多作品中脱颖而出。因此，快题设计的特质决定其既不是纯粹的"设计"也不是单纯的"应试"。

但无论快题设计考试的形式如何变化，其根本都在于"设计"，因此掌握良好的设计绘制流程尤为重要。

第一步、进行绿地分析和功能需求分析，结合周边环境进行动线分析；

第二步、对设计红线范围内区域进行地形分析并划分功能空间；

第三步、依据划分的功能空间进行道路系统的布置设计；

第四步、对主要功能空间进行详细设计，再设计次要功能空间，做到节点设计的主次分明；

第五步、设计植物种植。先绘制乔木及树丛等上层植物以确定空间，再绘制灌木、地被等中下层植物，丰富层次。

第二节 快题设计的绘制技巧

1. 平面图

制图规范，需准确表达出设计内容及周边环境。比例尺、指北针不能少。平面阴影绘制正确，平面图旁可添加文字标注加以说明。

2. 分析图

明确把握现状特点，功能需求，解读概念和形式转换等方面内容。其中包括现状分析、功能分析、交通分析、视线分析、景观结构分析等。

3. 剖立面图

体现层次、虚实关系，体现地形变化以及与环境的关系。

4. 效果图

表现方案中，较为重要的节点设计效果一般分为一点透视和两点透视。应注意透视准确、主次分明、构图严谨。

5. 鸟瞰图

立体直观地表现出整个设计场地的大关系，让人清楚明了地看清楚整个设计方案。应注意把握好整体的透视关系，把设计中的重点部分详细地绘制出来，次要内容可以简略表达。

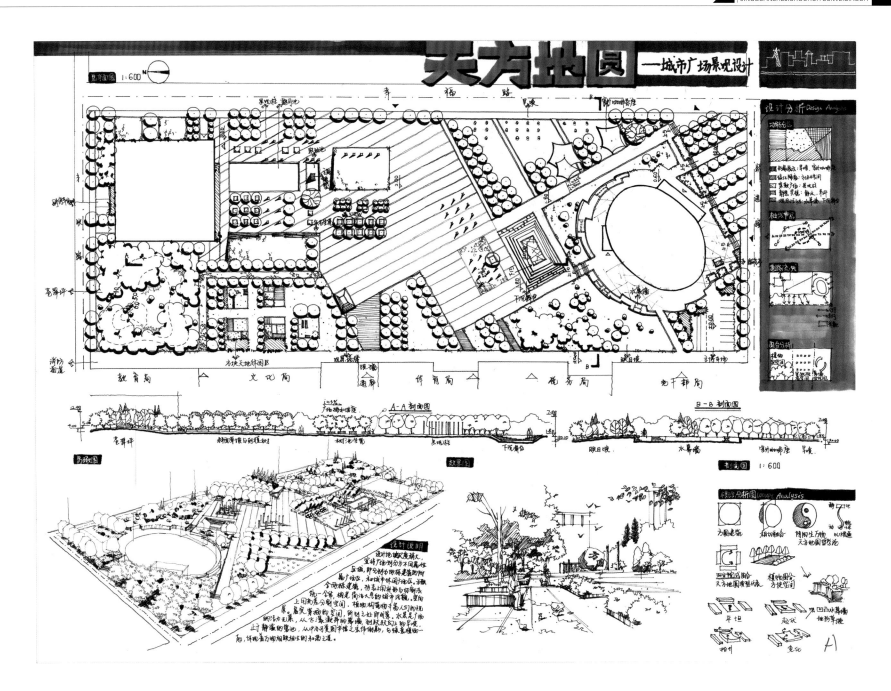

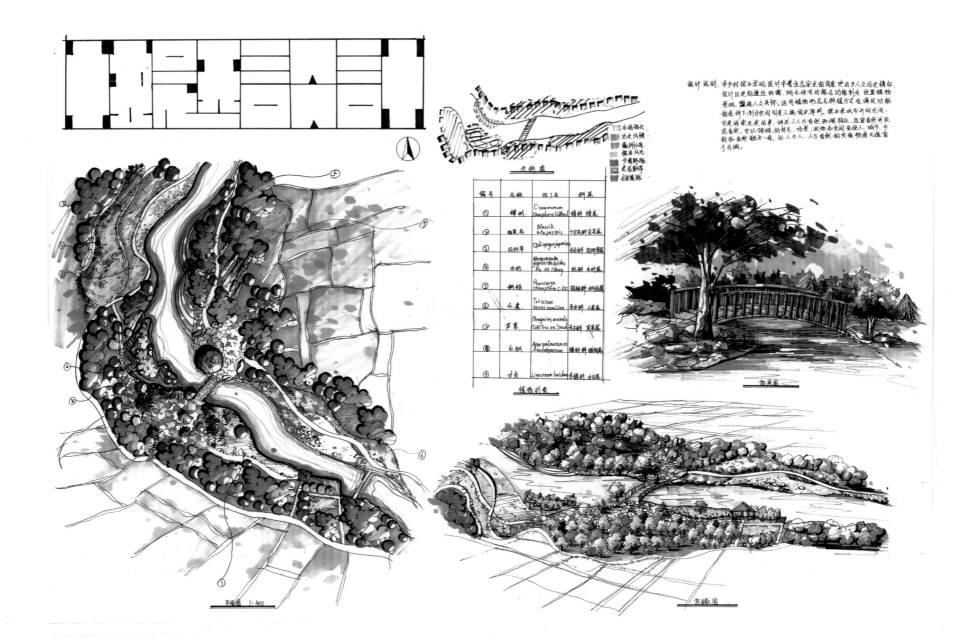

第三节　快题作品欣赏

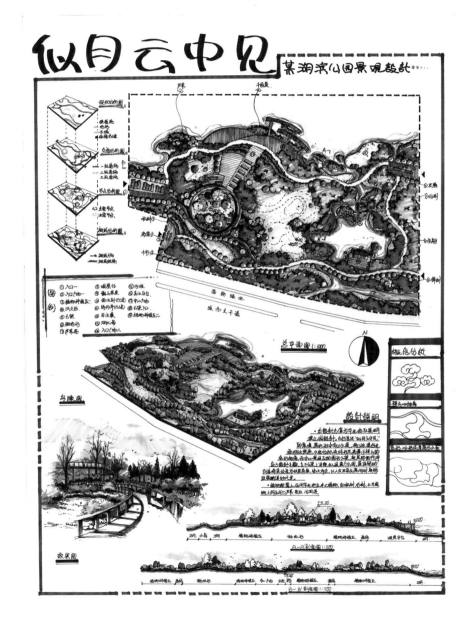

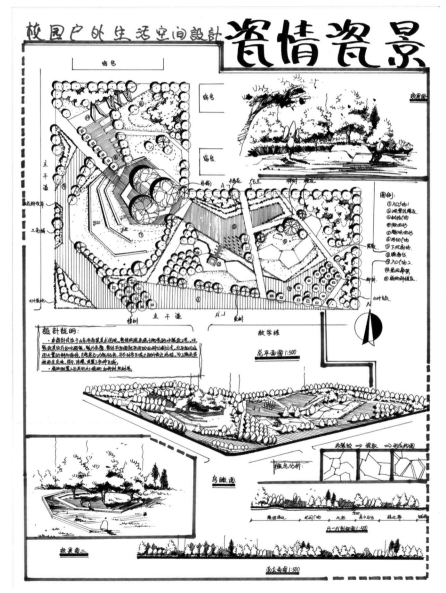

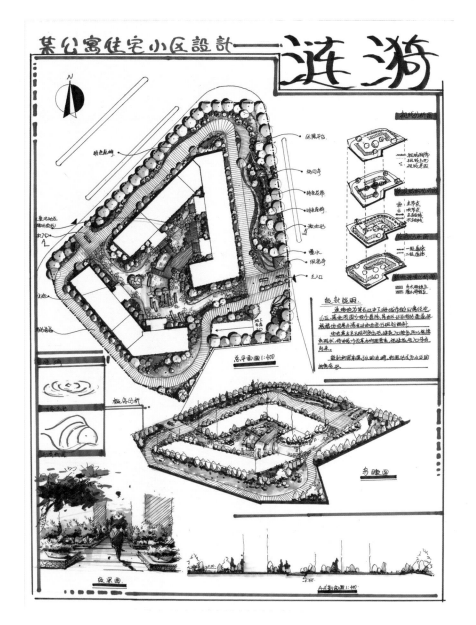

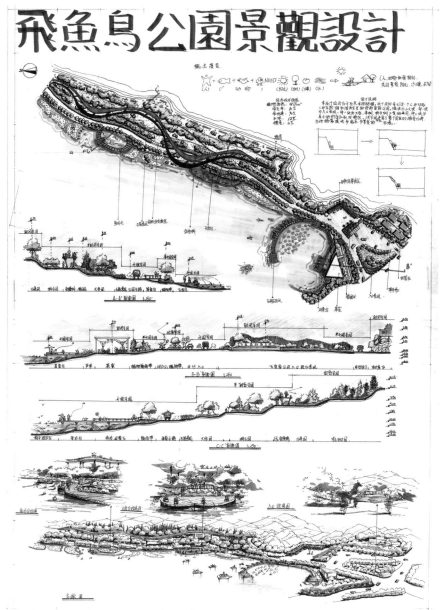

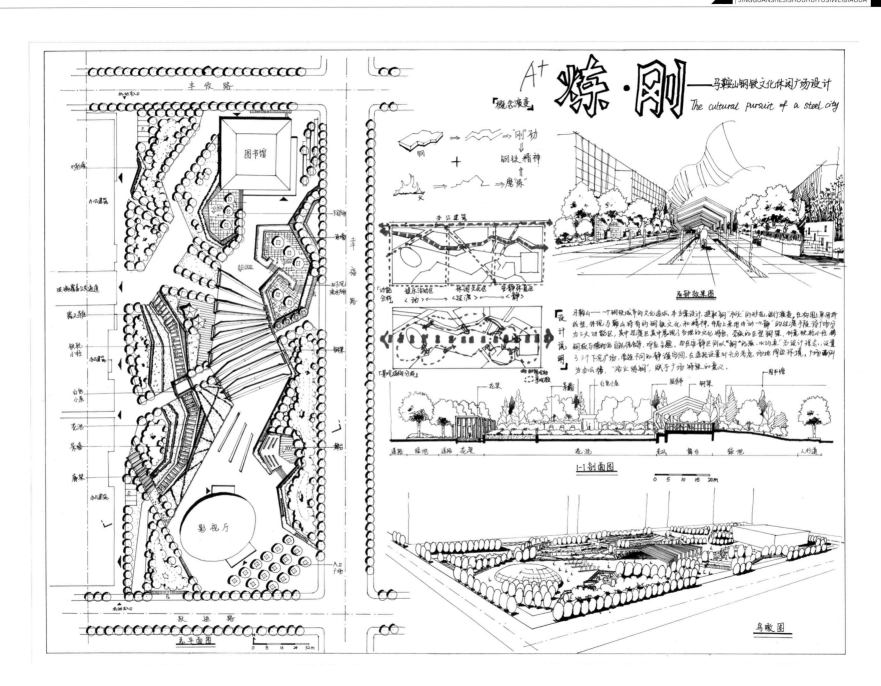

燦·剛——马鞍山钢铁文化休闲广场设计
The cultural pursuit of a steel city

鸟瞰图

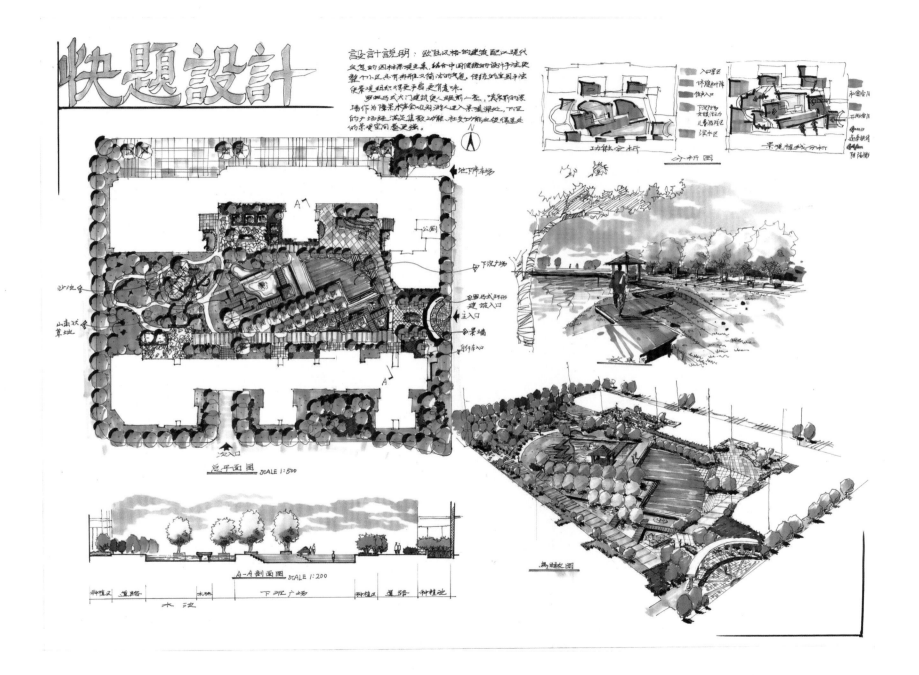

金海湖景观设计 JINHAI LAKE LANDSCAPE DESIGN

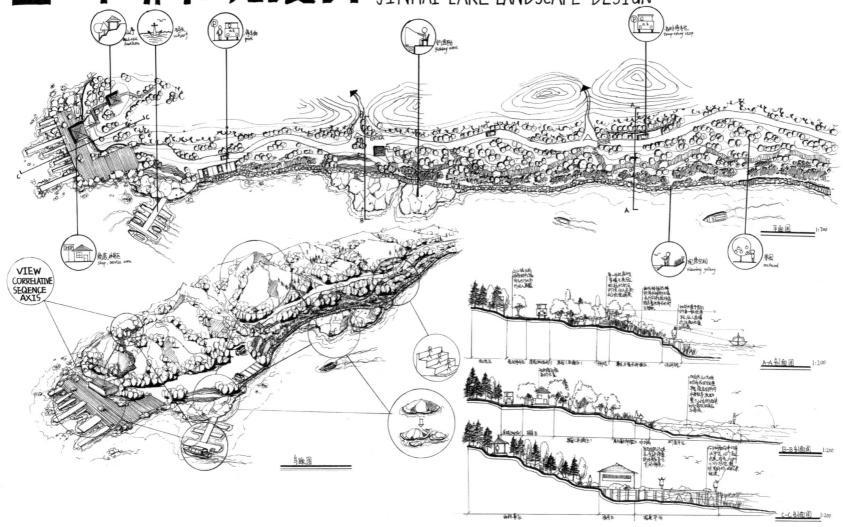